10	11	12	13	14	15	16	17	18
								2He ヘリウム 4.003
			5B ホウ素 10.81	6C 炭　素 12.01	7N 窒　素 14.01	8O 酸　素 16.00	9F フッ素 19.00	10Ne ネオン 20.18
			13Al アルミニウム 26.98	14Si ケイ素 28.09	15P リ　ン 30.97	16S 硫　黄 32.07	17Cl 塩　素 35.45	18Ar アルゴン 39.95
28Ni ニッケル 58.69	29Cu 銅 63.55	30Zn 亜　鉛 65.38	31Ga ガリウム 69.72	32Ge ゲルマニウム 72.63	33As ヒ　素 74.92	34Se セレン 78.97	35Br 臭　素 79.90	36Kr クリプトン 83.80
46Pd パラジウム 106.4	47Ag 銀 107.9	48Cd カドミウム 112.4	49In インジウム 114.8	50Sn ス　ズ 118.7	51Sb アンチモン 121.8	52Te テルル 127.6	53I ヨウ素 126.9	54Xe キセノン 131.3
78Pt 白　金 195.1	79Au 金 197.0	80Hg 水　銀 200.6	81Tl タリウム 204.4	82Pb 鉛 207.2	83Bi* ビスマス 209.0	84Po* ポロニウム (210)	85At* アスタチン (210)	86Rn* ラドン (222)
110Ds* ダームスタチウム (281)	111Rg* レントゲニウム (280)	112Cn* コペルニシウム (285)	113Nh* ニホニウム (286)	114Fl* フレロビウム (289)	115Mc* モスコビウム (288)	116Lv* リバモリウム (293)	117Ts* テネシン (294)	118Og* オガネソン (294)

64Gd ガドリニウム 157.3	65Tb テルビウム 158.9	66Dy ジスプロシウム 162.5	67Ho ホルミウム 164.9	68Er エルビウム 167.3	69Tm ツリウム 168.9	70Yb イッテルビウム 173.0	71Lu ルテチウム 175.0
96Cm* キュリウム (247)	97Bk* バークリウム (247)	98Cf* カリホルニウム (252)	99Es* アインスタイニウム (252)	100Fm* フェルミウム (257)	101Md* メンデレビウム (258)	102No* ノーベリウム (259)	103Lr* ローレンシウム (262)

(　)内に示した。

新総合化学 ここがポイント

齋藤勝裕

三共出版

はじめに

本書は先に刊行した「総合化学―ここがポイント」を改訂したものである。おかげさまで「総合化学―ここがポイント」は多くの読者の皆様に好評を持って迎えて頂くことができた。しかし刊行以来12年がたち，基礎化学の分野でも新しい知見が入り，またそれを学ぶ学生さんの学力にも変化が生じた。

本書はそのような齟齬を解消するために改訂・改題したものである。主な改訂点は，①豊富な「注」を加え，各章末にまとめた。②「演習問題」とわかりやすい「解答」を加えた。読者は「注」によって本書の内容をより深く，より細かく学ぶことができ，「演習」によって自分の理解度をはかることができ，勉強が格段に進展するはずである。また，③現在話題のSDGsと化学の関わりを紹介した，というのも類書にない特色である。

「総合化学―ここがポイント」は，化学の重要な領域を，「ポイントを絞って」，「やさしく」，「わかりやすく」説明しようと言うものである。そのため，説明はていねいでありながら簡潔であることをこころがけ，理解を助けるわかりやすい図をたくさん用いることを方針とする。その結果，読者は最小の努力で最大の結果を得ることができるものと確信する。

本書は「総合化学」を扱うものであり，総合化学は化学の全ての分野を扱うものである。化学の分野は非常に広い。本書で扱う主な分野は次のようなものである。

物理化学：化学現象全てを理論的に扱う分野。原子構造，分子構造，気体体積，反応速度，反応エネルギーなどを扱う。

有機化学：物質のうち，生体に関連する有機化合物を扱う分野。有機化合物の構造，性質，反応性，さらに芳香族化合物などを扱う。

無機化学：有機物以外の物質全てを扱う分野。元素の性質，酸塩基，酸性，塩基性，酸化還元，電池のしくみなどを扱う。

高分子化学：プラスチックや合成繊維などの高分子化合物を扱う分野。ポリエチレン，ペット，ナイロンなどの構造と性質を扱う。

生命化学：遺伝，栄養，生体を構成する物質など，生命に関係した事象を扱う分野。DNA の構造と機能，タンパク質，糖，油脂などの構造や性質を扱う。

環境化学：地球温暖化，オゾンホール，酸性雨，光化学スモッグなど環境問題を扱う。

本書はこのような分野をバランスよく扱い，全ての分野に幅広い知識を持つことができるようになることを目標として編纂されたものである。このように内容を列挙すると膨大なものであり，これだけの知識を限られた間に身につけられるのかと，心配する方もおられるかと思うがご心配は無用である。本書は優しくわかりやすいことを第一に作られている。本書の導くまま，読み進めば知らず知らずのうちに必要にして十分な知識が身についているはずである。

本書で身につけた知識をもとにすれば，皆さんが化学に進まれ，さらに専門の領域に進んだとしても，自分に十分な基礎知識が備わっていることを実感していただけるものと自負する。

なお，初版刊行時にお世話いただいた高崎久明氏，引きつづきイラストでご協力いただいた㈱ヤカの小森政雄氏に御礼申し上げる。

最後に，参考にさせていただいた著書の著者と出版社，ならびに本書の刊行に際して多大のご尽力を下さった三共出版株式会社の野口昌敬氏，佐々木理氏に感謝申し上げる。

2021 年 8 月

齋藤　勝裕

目　次

序章　化学の魅力

第Ⅰ部　原子構造と分子構造

第Ⅱ部　無機化合物と有機化合物

第Ⅳ部　反応とエネルギー

コラム

序章

化学の魅力

自然と人間と化学

役立つ化学

自然と人間と化学

化学は物質を研究する科学であり，およそ目にし，手で触ることのできる物はすべて化学の研究対象になる。それは生物から岩石まで，食物から医薬品，毒物まで，さらには生命体までをも含む。これらの物質は全て原子，分子からできている。そのため化学は原子，分子を研究対象とする科学と言うことができるだろう。

化学反応

物質はそこに存在するだけではなく，生物は成長し，岩石は崩れ，金属は錆びる。つまり全ての物質は長い時間の果てに変化して別の物質に変化する。化学ではこれを化学変化とよぶ。化学変化は化学反応によって起こり，化学反応と言うのは分子を作る原子が，その結合を変化させることである。

酸素分子 O_2 は 2 個の酸素原子 O が結合した物であるが，酸素が互いに結合の手を離し，炭素 C と結合すると二酸化炭素 CO_2 と言う新しい分子になる。この反応を燃焼という。

化学反応の影響

炭素の燃焼で生じるのは二酸化炭素と言う分子だけではない。炭素が燃えれば熱くなり，明るく輝く。これは燃焼に伴って熱エネルギーと光エネルギーが発生していることを意味する。

人間はこのエネルギーを利用して機械を動かし，夜の暗闇を明るく照らすことを覚えた。これは人間に文明や産業革命という文化をもたらしたが，近年，二酸化炭素は地球温暖化という困った現象をもたらすことが明らかとなった。温暖化により地球は年々暖かくなっており，それによって海水は熱膨張し，海水面が上昇していると言うのである。

このように物質は変化し，それに伴って自然と人間は影響を受け，人間の文明も変化してゆく。化学はこのようなこと全てを研究対象とする。そしてそこには目くるめくような面白さがあふれている。

焚火（たきび）の燃焼

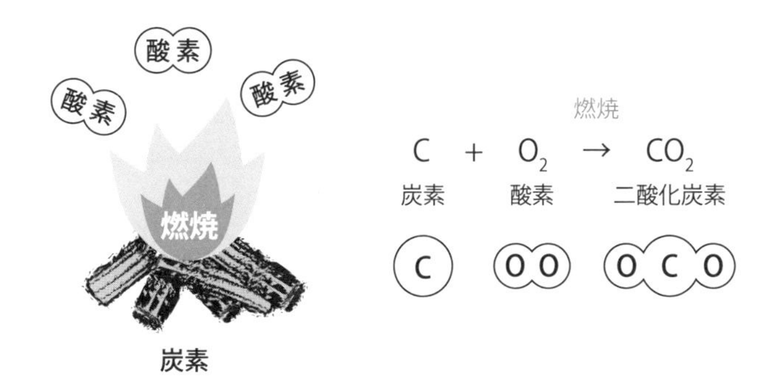

産業革命の蒸気機関の概略図

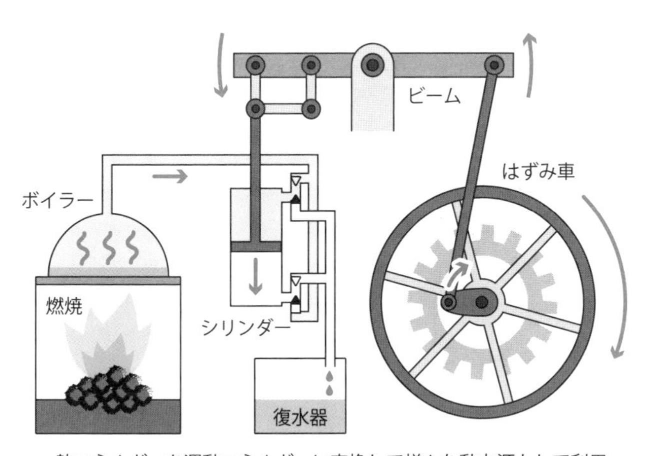

熱エネルギーを運動エネルギーに変換して様々な動力源として利用

役立つ化学

人類はその誕生のときから，自然物を利用して生きてきた。石やこん棒を用いて動物を狩り，その肉や植物を食べ，その皮や草の葉を身にまとい，冬には洞穴に草や皮を敷いて暖をとった。病気になると植物の根や葉を噛んで辛抱した。

青銅器時代，鉄器時代

やがて時が経つと人類は金属を使うことを覚えた。最初に使ったのは銅 Cu とスズ Sn を混ぜた青銅であった。これは低い温度で融け，成形しやすく美しい事から武器や宗教の祭祀器に用いられた。青銅器時代の開幕である。そのうち鉄 Fe が発見されたが，鉄を作るには高温が必要であり，成形も困難であった。しかし鉄は硬く，磨けば鋭利な刃物になることから優れた武器として戦争に使われた。

やがて人類は鉄を武器だけでなく，機械，船，建築などに広く使うことを覚え，時代は鉄器時代に移行した。鉄が発見されてから 3000 年以上経つ現代も未だ鉄器時代に分類されている。

炭素器時代

周囲を見回してみよう。ボールペン，カーテン，テレビ，テーブル，コップ，食器，身に着けた衣服。

これらは何でできているだろうか？テーブルを除けばほとんどはプラスチックである。テーブルも木片をプラスチック糊で固め，表面にプラスチックフィルムを貼った物かもしれない。カーテンや衣服の多くは合成繊維であり，合成繊維はプラスチックである。そしてプラスチックは炭素を主成分とした有機物である。

つまり現代は，鉄器時代と言うより限りなく炭素器時代に近いのである。そして炭素素材を作り，製品に変えるのは化学である。現代は化学によって作られ，化学によって動いている。本書はそのような化学を楽しくわかりやすく紹介する。さあ，ページをめくろう！

原始人の生活

現代の室内の図

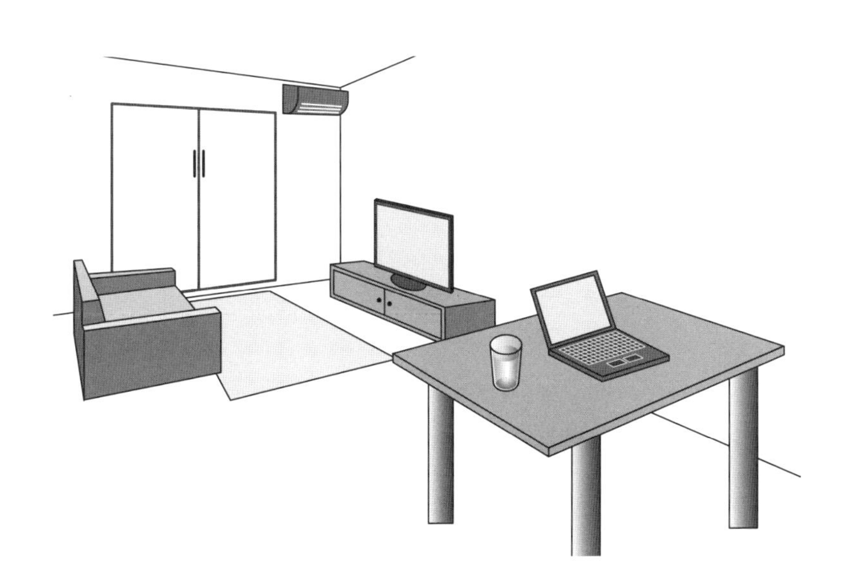

第Ⅰ部
原子構造と分子構造

第 1 章

原子構造

私たちの周りには多くの物質があり，すべての物質は元素からできている。しかし，自然界に存在する元素の種類はわずか 90 種類ほどにすぎない。元素には名前が付けられ，H（水素），O（酸素）などの元素記号が定められている。

第1節　原子と分子

コップの水を半分にし，それをさらに半分にして，水を分け続けてゆくとそれ以上分けられない最小粒子にたどりつく。この粒子を分子という。水の分子は水の性質を持っている。しかし，この水の分子もさらに分割することができる。

水の分子を分割すると2種類の粒子になる。この粒子を原子という。原子はもはや水の性質を失っている。水の分子（H_2O）は2個の水素原子（H）と1個の酸素原子（O）からできている。水素原子や酸素原子にはもはや水の性質は残っていない

原子の構造

原子は小さく丸く，雲でできた球のようなものである。大きさは0.1 nm（ナノメートル，10^{-10}m）の大きさである。もし原子を拡大してピンポン玉の大きさにしたとすると，同じ拡大率で拡大されたピンポン玉は地球ほどの大きさになる。

原子は1個の原子核と複数個の電子（electron，記号 e）からできている。電子は原子の体積のほとんどすべてを占めているが，質量は無視できるほど小さい。電子は粒子であるが，波の性質も持っている。電子は雲のように広がっているので電子雲と呼ばれることもある。

電子は電気的にマイナスに荷電している。1個の電子が持つ電荷量を −e で表わすが，この電荷（e^-）は電荷の最小単位である。

原子核

原子の中心にある，小さく，固く，重い塊が原子核である。原子核の直径は原子直径の1万分の1ほどである。すなわち，原子核の直径を1 cm とすると原子の直径は1万 cm すなわち100 m になる。これはパチンコ玉と東京ドームの比ほどもある。

原子核は電気的にプラスに荷電している。原子核のプラスの荷電量と電子全体が持つマイナスの荷電量の絶対値は等しい。そのため，原子は全体として電気的に中性である。

原子と分子

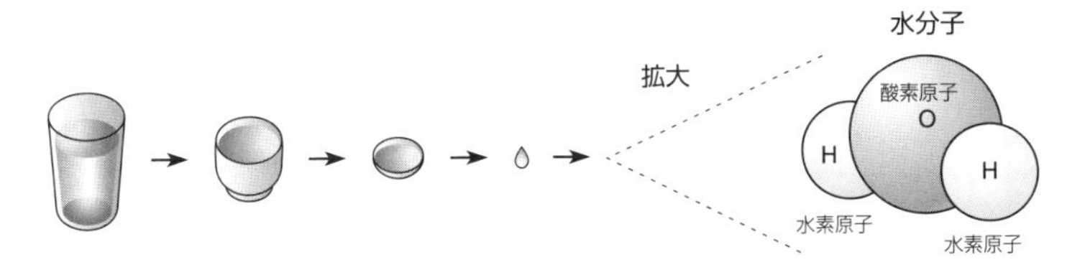

原子の構造

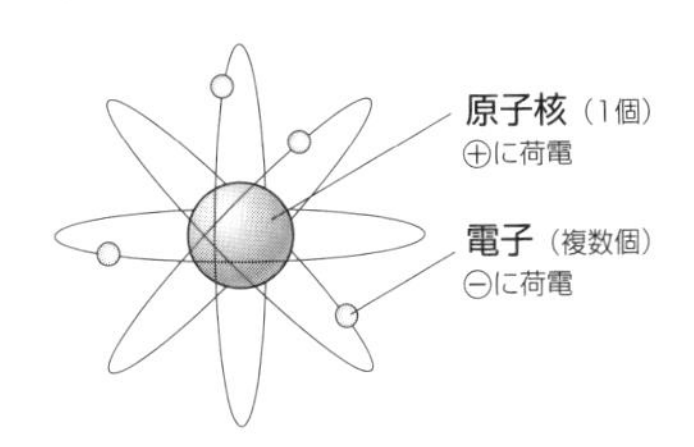

原子の大きさ

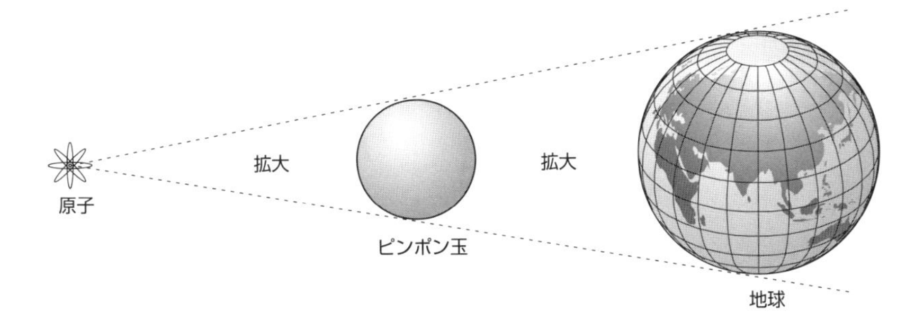

原子核の大きさ

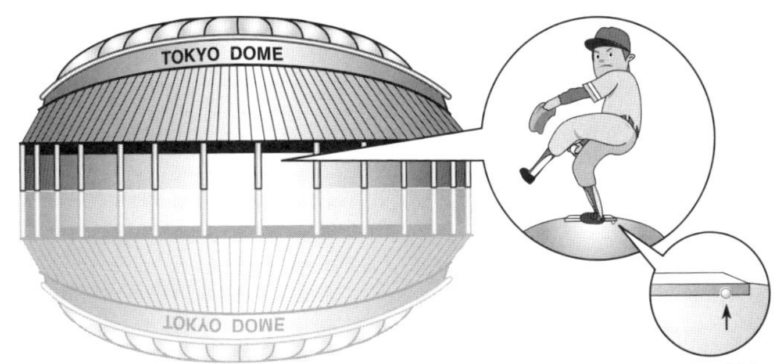

原　子：東京ドームを2個合わせたもの

原子核：ピッチャーマウンド上の
パチンコ玉

第2節　原子核と原子量

原子核は陽子（proton，記号 p）と中性子（nutron，記号 n）からできている。原子核を構成する陽子の個数を原子番号，陽子と中性子の個数の和を質量数という。原子の重さを表わす数値を原子量という。

原子番号

水素の原子核を除けば，すべての原子核は複数個の陽子と中性子からできている。陽子と中性子では，重さはほとんど同じであるが電荷が異なる。すなわち陽子は $+e$ の電荷を持つが中性子は電気的に中性である。

原子核を構成する陽子の個数を原子番号（記号 Z）という。原子が電気的に中性になるためには，陽子の個数（Z）と同じ個数の電子を持てばよいことになる。原子の化学的性質は主に電子によって決定される。したがって原子番号は原子の性質を決定する大切な番号である。

陽子と中性子の個数の和を質量数（A）という。原子番号は元素記号の左下，質量数は左上に付けて表わす。

同位体

原子番号が同じ原子でも，異なる個数の中性子を含むものがある。このようなものを同位体という。水素には3種の同位体[1)]，酸素には2種の同位体がある。同位体は原子番号が等しいので化学的性質は等しく，重さが異なるだけである。

自然界に存在する原子は同位体の混合物である。同位体の割合を同位体存在度という。

原子量

炭素の同位体 ^{12}C の重さを12と定めて，これとの比較で求めた各原子の相対的な重さを相対質量という。したがって相対質量は質量数にほぼ等しい。自然界の原子は同位体の混合物なので，同位体の相対質量の加重平均をとって，それを原子の原子量という。原子量は原子の重さを表わす数値である。

原子が 6.02×10^{23} 個集まると，その全体の質量は質量数と同じ（数値に g を付けたもの）になる。この数値 6.02×10^{23} を提唱者の名前をとってアボガドロ定数[2)]という。また，アボガドロ定数個の集合を1モルという。

原子を作るもの

名称			記号	電荷	質量(Kg)
原子	電子		e	−1	9.1091×10^{-31}
	原子核	陽子	p	+1	1.6726×10^{-27}
		中性子	n	0	1.6749×10^{-27}

元素記号

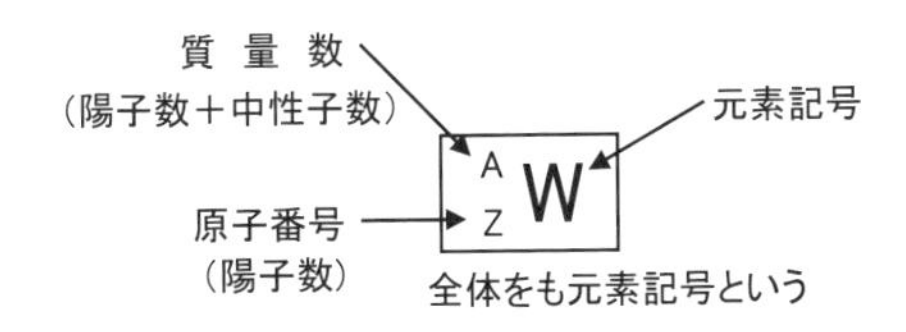

同位体

元素名	水素			炭素		酸素		塩素		ウラン	
記号	^{1}H (H)	^{2}H (D)	^{3}H (T)	^{12}C	^{13}C	^{16}O	^{18}O	^{35}Cl	^{37}Cl	^{235}U	^{238}U
陽子数	1	1	1	6	6	8	8	17	17	92	92
中性子数	0	1	2	6	7	8	10	18	20	143	146
存在度%	99.98	0.015	～0	98.89	1.11	99.76	0.20	75.53	24.47	0.72	99.28

原子量

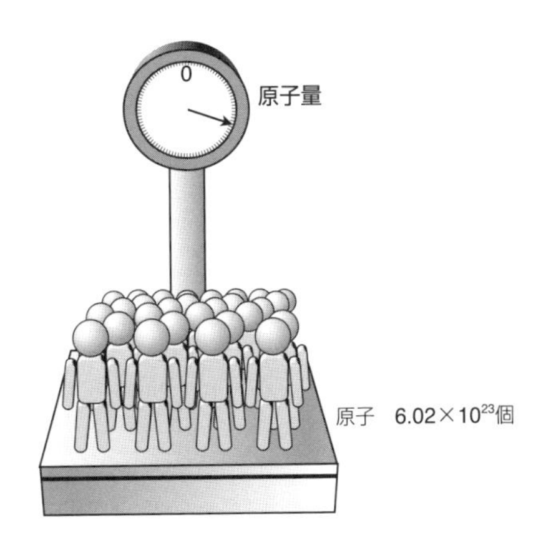

第3節　電子殻と軌道

原子に属する電子は電子殻に入る。電子殻を詳しく見ると軌道に分かれていることがわかる。軌道は特有の形をしている。

電子殻

原子に属する電子は，原子核の近くだったらどこにいても良いというわけではない。電子にははっきりとした居場所が定まっている。これを電子殻という。

電子殻は原子核の周りに層状に存在し，原子核に近いものから順にK殻，L殻，M殻，……とKから始まるアルファベットの順に名前が付けられている[3)]。各電子殻には定員があり，それはK殻（2個），L殻（8個），M殻（18個），などである。これはK殻，L殻，M殻 にそれぞれ，整数1，2，3，… n を割り振ると，定員は $2n^2$ となっていることを示す。この n を量子数という。

電子殻のエネルギー

電子殻は固有のエネルギーを持っている。これは原子核と電子の間の静電引力に基づくものであり，位置エネルギーのように考えればよい。K殻が最も低エネルギー（安定）であり，K殻＜L殻＜M殻の順で高エネルギーである。

軌　道

電子殻を詳細に検討すると軌道からできていることがわかる。ちょうど，電子殻という“学年”が軌道という“クラス”に分かれているようなものである。

K殻は1個のs軌道からできているが，L殻は1個のs軌道と3個のp軌道の合計で4個の軌道からできている[4)]。M殻にはL殻と同じ軌道のほかに5個のd軌道が存在する。同じs軌道でもK殻とL殻では若干異なるので，電子殻の量子数を付けて1s軌道（K殻），2s軌道（L殻）などと呼ばれる。

軌道の形

各軌道は特有の形をしている。それを図に示した。s軌道はお団子のような球形である。p軌道は2個の団子を串に刺したみたらし形である。p軌道には p_x，p_y，p_z の3本があるが，それらの形はすべて等しく，方向だけが異なっている。すなわち p_x 軌道は串の方向が x 軸方向を向いている。

電子殻

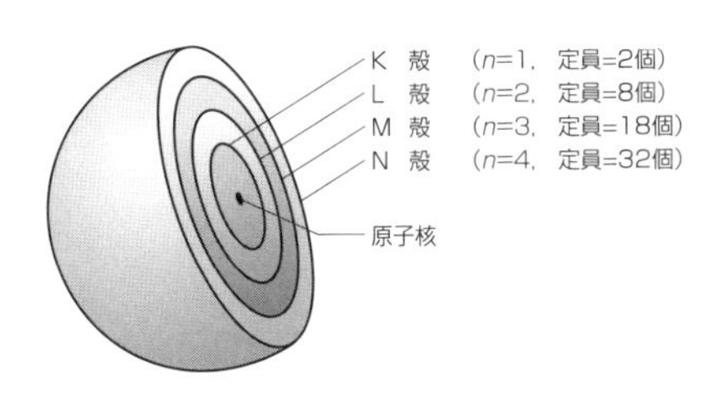

電子殻と軌道のエネルギー

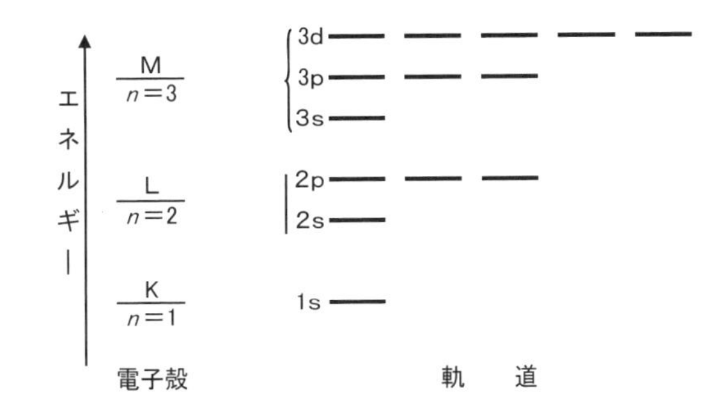

軌道の形

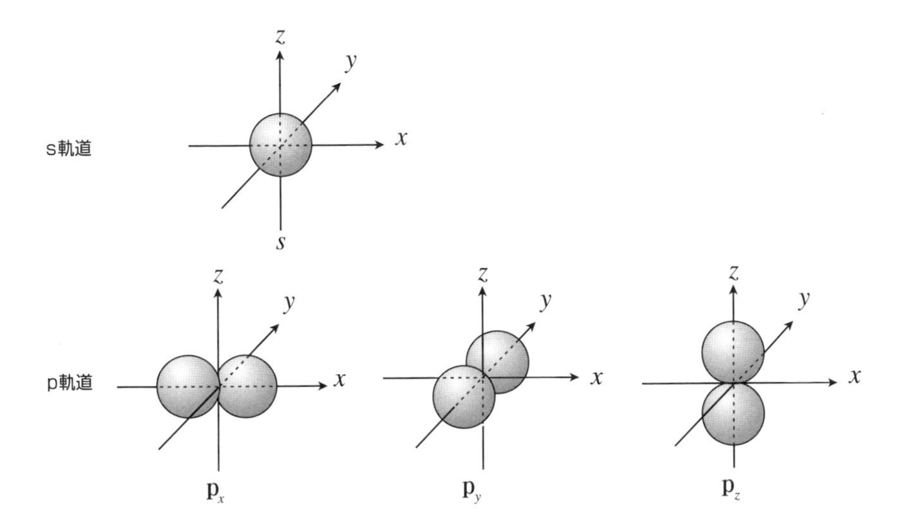

第4節　電子配置

原子の電子は軌道に入る。電子がどの軌道にどのように入っているかを表わしたものを電子配置という。電子配置は原子の性質や反応性に大きく影響する。

電子スピン

電子配置を考えるために重要な電子の性質がある。それは電子の自転（スピン）である。電子は自転しており，その方向は右回りと左回りの二通りがある[5)]。化学では二通りの自転方向を上下の矢印で表わす。矢印の方向は自転方向を表わすのではなく，方向の違いを表わすだけである。

電子の入居規則[6)]

電子が軌道に入るときには守らなければならない規則がある。

①　エネルギーの低い軌道から順に入る。

②　1個の軌道に2個の電子が入るときには互いにスピン方向を反対にする。

③　1個の軌道には最大2個の電子が入ることができる。

電子配置

図は原子番号順に並べた原子の電子配置である。○は1個の軌道を表わす。

◎　H（水素）電子は1個なので，①にしたがって最低エネルギー軌道の1s軌道に入る。

◎　He（ヘリウム）の2個目の電子は①にしたがって1s軌道に入るが，②によってスピン方向を反対にする。HeではK殻が満員になっている。このような電子配置を閉殻構造といい，特別の安定性を持っている。閉殻構造以外のものを開殻構造という。

◎　Li（リチウム）からはL殻に電子が入っていく。ネオンまで原子番号が進むとまた閉殻構造となる。

価電子

電子が入っている電子殻のうち，最も外側のものを最外殻といい，そこに入っている電子を最外殻電子，あるいは価電子という。価電子は原子の性質や反応性を決定する大切な電子である。

電子スピン

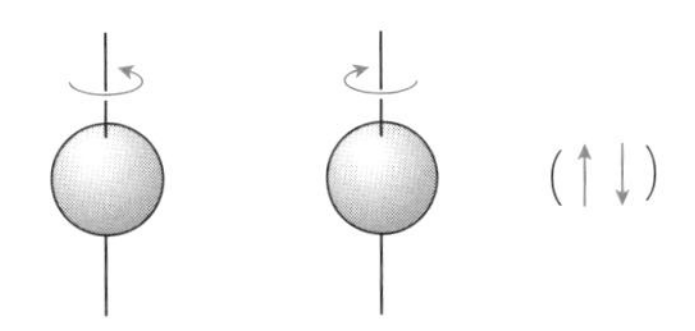

入居規則

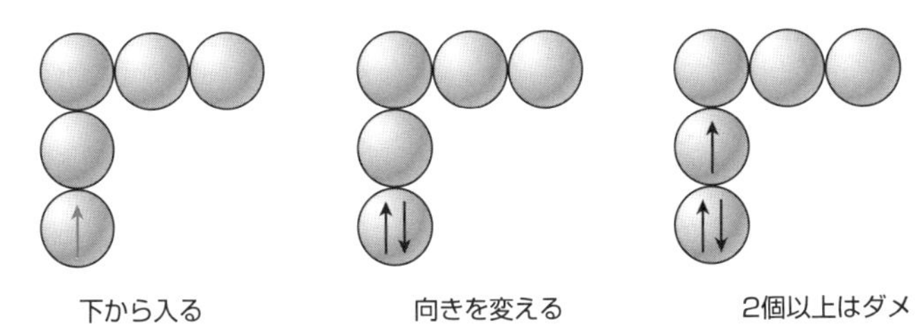

電子配置

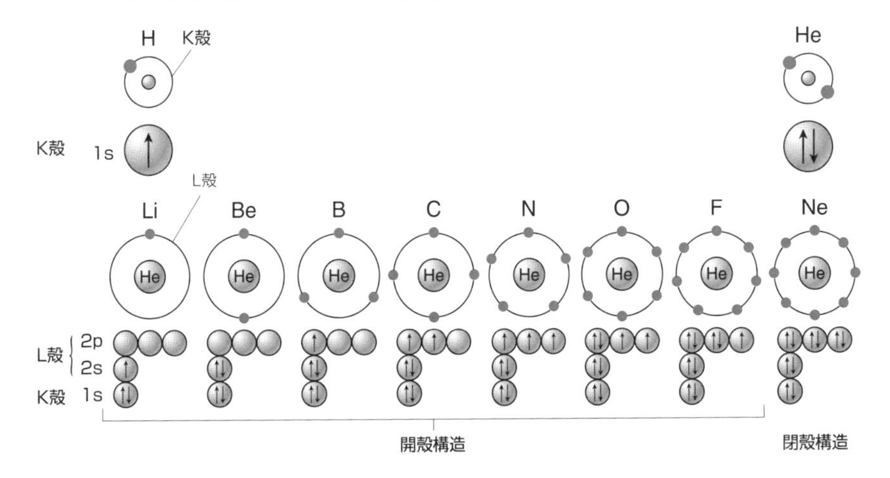

価電子

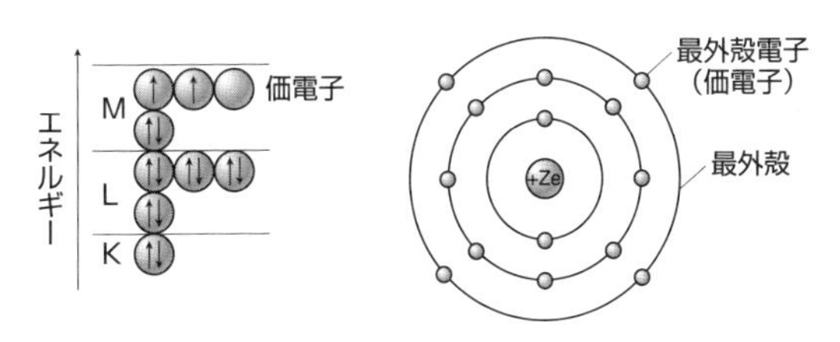

第5節　周 期 表

原子を原子番号の順に並べた表を周期表[7]という。周期表はカレンダーのようなものである。カレンダーには日曜から土曜までの曜日があり，日曜になった日は何日であろうと学校が休みで楽しい日である。反対に月曜日はこれから学校が始まる日で，なんにしろブルーマンデーである。

周 期 表

見返しの裏に周期表を示しておいた。左端に上から 1，2……と打ってある数字は，最外殻の量子数であり，周期表では周期と呼ばれる。

上に左から打ってある数字は価電子の個数を反映している。周期表では族を表わし，1 の下にある H，Li，Na などの元素は 1 族元素と呼ばれる。

族はカレンダーの曜日に相当し，1 族元素は互いに似た性質を持ち，2 族元素はまた互いに似た性質を持つ。

典型元素と遷移元素

1 族，2 族と 12 ～ 18 族の元素を典型元素，それ以外の元素を遷移元素という。実は，上で述べたように族の性質が互いに似ているのは典型元素だけである。遷移元素では族による統一性はあまり認められない。

イ オ ン

典型元素が族によって一定の傾向を持つ性質として，イオンの価数がある。前節で閉殻構造は安定であることを見た。価電子が 1 個の原子は，この電子を放出すれば閉殻構造になる。したがって，+1 価の陽イオンになりやすい。反対に価電子が 7 個の原子は 1 個の電子を受け入れれば閉殻構造になる。したがって，−1 価の陰イオンになりやすい。

このような理由から，1 族元素は +1 価になりやすく，2 族元素は +2 価になりやすい。また 16 族は −2 価，17 族は −1 価になりやすい，というように，族によって明確な違いがある。それに対して遷移元素では個々の原子によって価数が異なっており，族による統一性はない。

イオン化

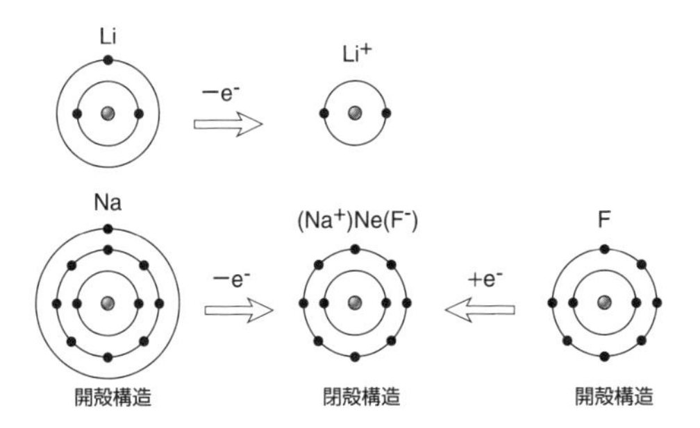

イオン化エネルギー[8]

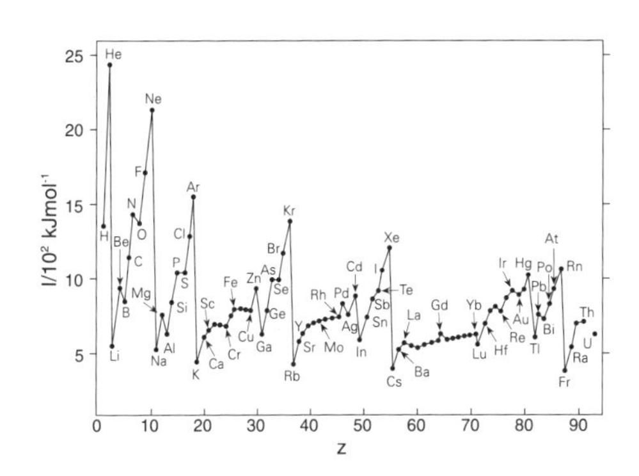

原子の大きさ

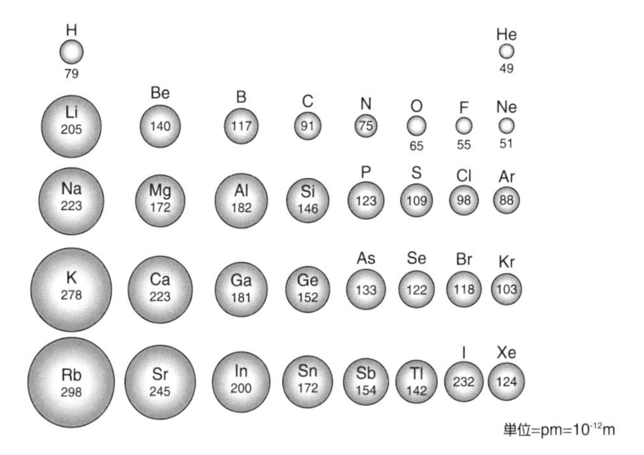

注

1)　水素原子の同位体のうち，地球上に存在するのは3種だけであるが，宇宙には少なくとも7種の同位体が存在すると言われる。
2)　アボガドロ：アメデオ・アヴォガドロ（1776～1856年）。イタリアの物理学者，化学者。
3)　最初にK殻を発見した科学者は，その殻が最小のものとの確信が持てなかった。そのため，後にもっと小さい殻が発見されても命名にこまらないようにと，名前の順をAから始めずにKから始めたという説がある。
4)　3個のp軌道，5個のd軌道のように，異なる軌道であるのに同じエネルギーの軌道を一般に縮重軌道という。
5)　実際には電子は自転しているのではなく，2つの互いに異なる状態があるのである。それを区別するためにわかりやすく自転という「たとえ」を用いたのである。
6)　電子の軌道への配属を規制する規則には「パウリの排他原理」と「フントの築き上げの原理」がある。本書ではそれをまとめて示した。
7)　周期表にはいろいろの種類がある。本書で採用したのは長周期表で，現在の教科書に広く採用されているものである。しかし50年ほど前までは短周期表が採用されていた。
8)　原子が電子を放出して陽イオンになるために要するエネルギーをイオン化エネルギーという。それに対して原子が電子を取り込んで陰イオンになる時に放出するエネルギーを電子親和力という。

演習問題

問1　分子と原子の違いは何か。

問2　原子と原子核の大きさの違いはどの程度か。

問3　次の原子の陽子数，中性子数はそれぞれいくつか。^{3}H，^{14}C，^{18}O。

問4　同位体とは何か。

問5　次の原子の原子量はいくつか。H，C，N，O。

問6　次の軌道の形を図示せよ。s軌道，p軌道。

問7　次の原子の電子配置を図示せよ。C，N，O，F。

問8　イオンとは何か。

問9　典型元素とは何族の元素か。

問10　地球の自然界に存在する原子で最小，最大の物はそれぞれなにか。名前と元素記号で答えよ。

濃度と個数

クイズをやってみよう。コップ一杯の水は約 180 g であり，10 モルである。この中には 6×10^{24} 個の水分子がある。この水分子すべてにペンキを塗って？赤くし，その後，東京湾に捨てよう。赤い水は東京湾中に広がり，やがて太平洋に広がる。蒸発して雲になり，ゴビ砂漠に雨となって降り，世界中に広がる。何万年か経ち，赤い水が世界中に均一に広がったときに，改めて東京湾の水をコップ一杯だけ取ってみよう。この中に赤い水分子は入っているだろうか？

入っているのである。アボガドロ数の凄さがわかろうというものである。

環境問題では濃度が問題になることが多い。1 ppm は 10^{-6}，100 万分の 1 であり，名古屋市（人口 200 万人）に 2 人，変わった様子の人がいるとそれが 1 ppm である。1 ppb は 10^{-9}，10 億分の 1 であり，インドに 1 人変わった様子の人がいる濃度である。共に非常に小さい濃度で，無視できるかも知れない。

コップ一杯の水の中に，1 ppb の濃度で赤い水分子が混じっていたとしよう。この水は見たところ普通の水と何ら変わるところはないだろう。しかし，この水の中にある赤い水分子の個数は 6×10^{15} 個である。6000 兆個である！

濃度で考えると無視できる量でも，個数で考えると無視するには多すぎる。環境問題の問題のひとつは，このようなところにあるのかもしれない。

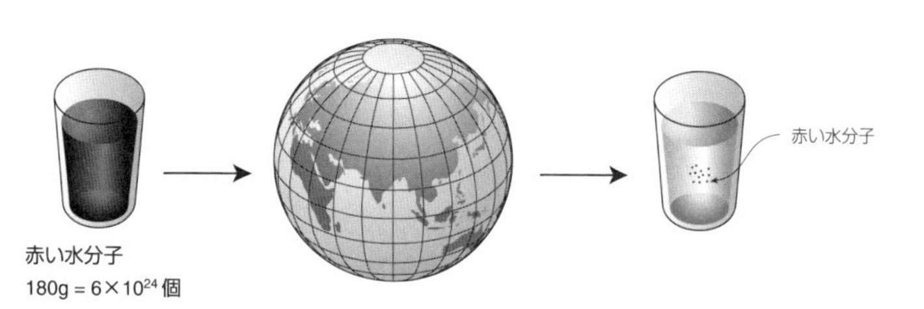

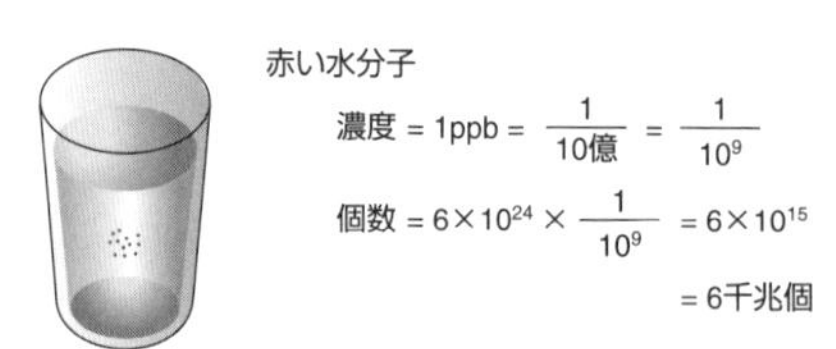

第 2 章
分子構造

希ガス元素の気体を除けば，すべての物質は分子でできているといえる[1)]。分子は原子からできており，原子を分子に変えるのは原子をつなぐ結合である。

第1節　化学結合

結合には多くの種類があり，その関係は図に示した通りである。大きく分けると原子の間に働く結合と，分子の間に働く分子間力になる。原子間に働く結合には代表的なものとしてイオン結合，金属結合，共有結合などがある。本節ではイオン結合と金属結合について見ることにしよう。

イオン結合

イオン結合の本質は，陽イオンと陰イオンの間に働く静電引力である。したがって，その引力は両方の電荷の間の距離にだけ関係し，方向には関係しない。これを無方向性という。また，陰イオンの周りに何個の陽イオンがあろうと，距離さえ同じだったらすべて同じ強さで引きつけられる。これを不飽和性という。

図は塩化ナトリウム（食塩）の結晶である。ナトリウムイオン Na^+ と塩化物イオン Cl^- が交互に並んでおり，NaCl という2つの原子からなる分子は存在しない。すなわち，結晶全体が分子のようなものなのである。

金属結合

金属結合では，金属原子 M は価電子を放出して陽イオン状態 M^{n+} になっている。この放出された電子を自由電子という。金属結晶ではこの陽イオンが規則正しく積み重なり，その間を自由電子が満たしている。この状態は，金属イオンという木材球の間を自由電子という木工ボンドが満たしている状態に例えることができる。

電気伝導度

電流は電子の流れである金属の電気伝導度を支えるのは自由電子である。自由電子が移動しやすければ伝導度は高くなり，移動しにくいと伝導度が低くなる。金属の伝導度は低温になると高くなる。これは，温度が低くなると原子の振動が小さくなり，電子が移動しやすくなることとして説明できる。

結合の種類

	結　合		例
結合	イオン結合		NaCl
	金属結合		Au
	共有結合	単結合	水素，メタン
		二重結合	酸素，エチレン
		三重結合	窒素，アセチレン
分子間力	水素結合		水
	ファン·デル·ワールス引力		ヘリウム

イオン結合

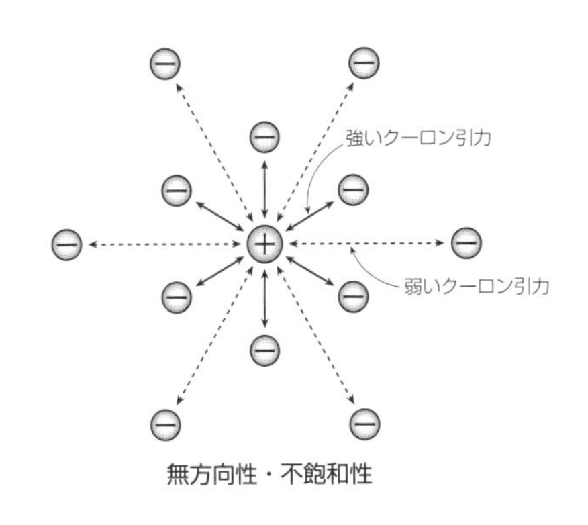

無方向性・不飽和性

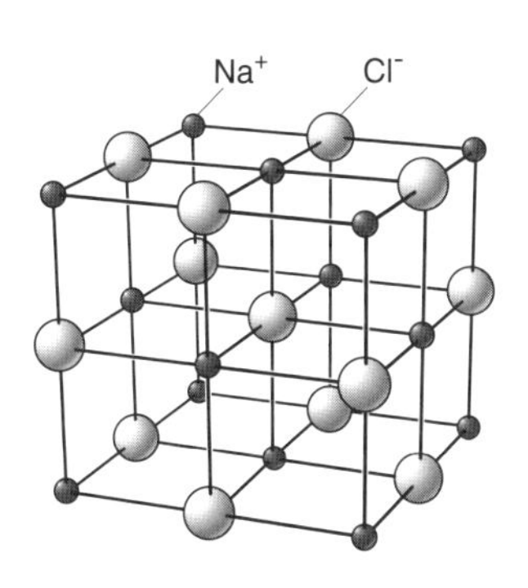

金属結合

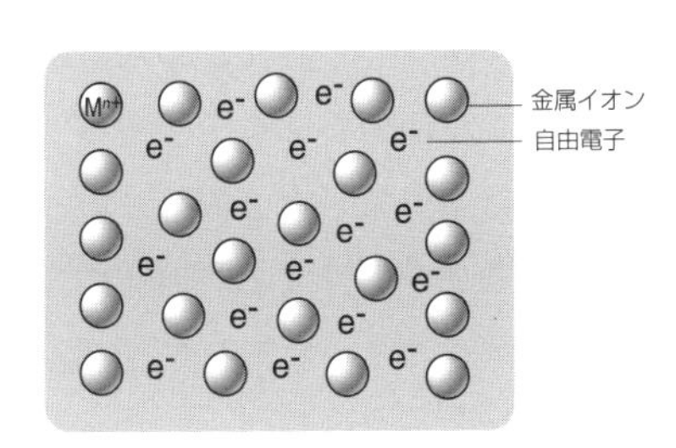

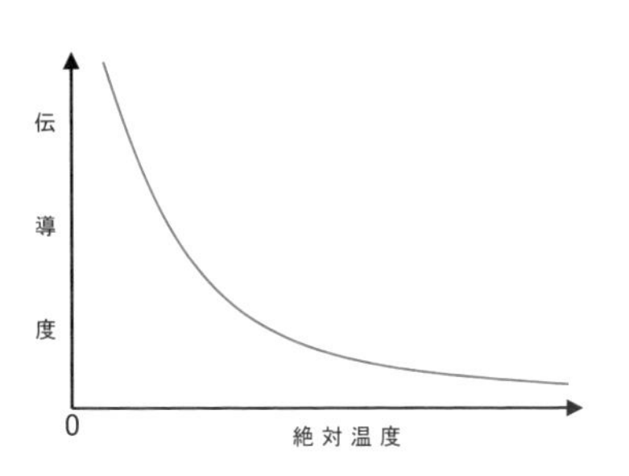

第2節　共有結合

共有結合は結合する2個の原子の間で電子を持ち合うことによる結合である。この電子を結合電子雲という。共有結合は多くの有機分子を構成する結合であり，最も大切な結合ということができる。

水素分子の結合

図は2個の水素原子（H）が結合して水素分子（H_2）ができる様子を模式的に表わしたものである。水素原子が近づくと互いの1s軌道が接し，やがて重なる。このようになると1s軌道は消え，代わりに分子全体を囲む新しい軌道ができる。

新しくできた軌道は（水素）分子に属する軌道なので分子軌道といわれる。それに対して1s軌道は原子に属する軌道なので原子軌道といわれる。水素分子ができると1s軌道に入っていた電子は分子軌道に移動する。

共有結合の結合力

図は水素分子における電子の動きを表わしたものである。電子は2個の水素原子核の中間に多く存在する。原子核は電気的にプラスであり，電子はマイナスである。そのため，原子核と電子の間には静電引力が働く。この結果，2個の原子核はこの電子を接着剤のようにして結合することになる。そのため，この電子を結合電子雲という。このようにしてできた結合を共有結合という。

不対電子と共有結合

共有結合は2個の原子が1個ずつの電子を出し合って共有する結合である。そのため，共有結合を作るためには，1個の軌道に1個だけ入った電子が必要となる。このような電子を不対電子という。それに対して1個の軌道に2個入った電子を電子対といい，最外殻にある電子対を特に非共有電子対という。

共有結合を作る原子は不対電子を持つ原子に限られる。1族元素の水素や，17族（ハロゲン元素）のフッ素（F）や塩素（Cl）は不対電子を1個持っているので共有結合を作ることができる。酸素（O）は不対電子を2個持っている。これは酸素が2本の共有結合を作ることができることを意味する。同様に3個の不対電子を持つ窒素（N）は3本の共有結合を作ることができることになる。

水素分子の結合

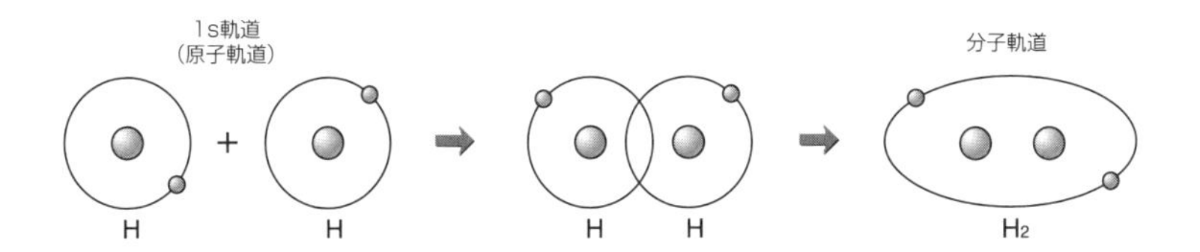

共有結合の結合力

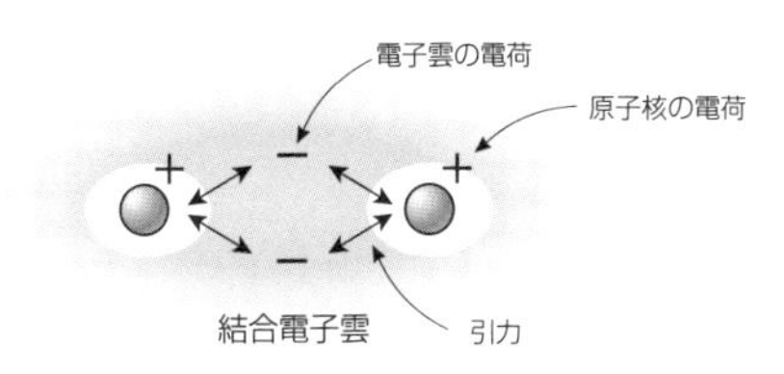

不対電子と結合力

名　称	Li	Be	B	C	N	O	F	Ne
電子配置								
不対電子数	1	2	1	2	3	2	1	0
価標数 2)	1	2*	3*	4*	3	2	1	0

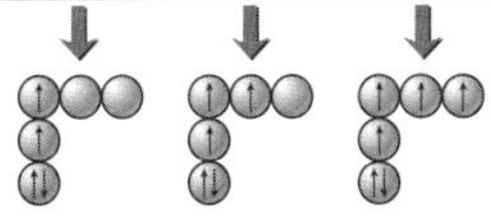

* 2s軌道の電子1個を2p軌道に移動して不対電子を増やす

第3節　共有結合の種類

水素分子のように1本の共有結合でできた結合を一重結合，単結合，あるいは飽和結合という。それに対して酸素分子のように2本の共有結合でできた結合を二重結合といい，3本でできた結合を三重結合という。二重，三重結合を不飽和結合ということもある。

飽和結合と不飽和結合

共有結合は原子の間の握手と考えることができる。そのように考えると，不対電子は握手をするための手ということになる。そのためこの手を結合手あるいは価標という。

塩素は1個の不対電子を持つので互いに1本の握手で結合する。これは単結合である。それに対して酸素は2個の不対電子を持ち，2本の手で握手をすることができる。2個の酸素は2本の握手で結ばれる。このような結合を二重結合という。同様に窒素は3本の握手で結合する。これを三重結合という。

炭素の結合

第1章第4節で見たように，炭素は2s軌道に一組の電子対，2個のp軌道に1個ずつの不対電子を持っているので，価標は2本である。しかし，2s軌道の電子を1個2p軌道に移動させると4個の不対電子ができる。炭素はこのようにして4本の共有結合を作ることができる。

◎　メタン（CH_3）[3]：メタンは，炭素が4本の結合手すべてを使って4個の水素と結合したものである。メタンの形は海岸に置かれた波消しブロックのテトラポッドに似た形であり，結合角度は109.5度である。4個の水素を結んだ形は正四面体になる。

◎　エチレン（$H_2C=CH_2$）[4]：エチレンの炭素は2本ずつの価標で水素と結合している。各々の炭素には2本ずつの価標が残っているので，それが結合して二重結合となる。この結果，エチレンの形は6個の原子が同一平面上に乗った平面形となる。すべての結合角度はほぼ120度である。

◎　アセチレン（$HC\equiv CH$）[5]：アセチレンの炭素は1本ずつの価標で水素と結合している。各々の炭素には3本ずつの価標が残っているので，それで三重結合を形成する。このため，アセチレンの形は一直線の直線状となる。

飽和結合と不飽和結合

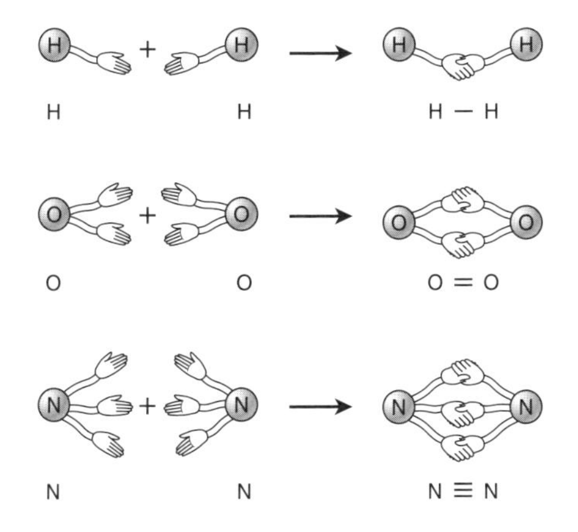

炭素の結合

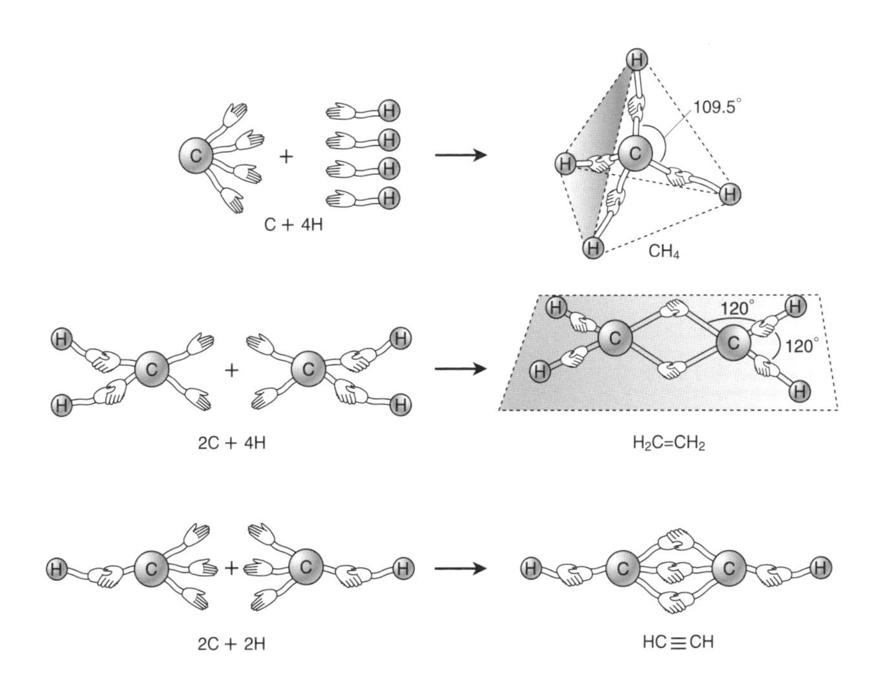

第4節　水の結合

塩化ナトリウム NaCl[6] では塩素がマイナス，ナトリウムがプラスに荷電して，電荷が偏っている。それに対して共有結合の水素分子では，どちらの水素原子も電気的に中性である。酸素分子，窒素分子も同様である。しかし，共有結合によっては，イオン結合のように電気的な偏りが生じるものもある。

電気陰性度

1族のアルカリ金属元素は，電子を放出してプラスのイオンになりやすい。反対に17族のハロゲン元素は，電子を受け入れてマイナスのイオンになりやすい。このように，原子の中には電子を引き付けるものと放出するものがある。

原子が電子を引き付ける度合いを表わした数値を電気陰性度という。数値の大きいものほど引き付ける度合いが強く，マイナスになりやすいことを表わす。電気陰性度は周期表の右上に行くほど大きくなっていることがわかる[7]。

水の結合

酸素は不対電子を2個持っているので価標が2本であり，2本の共有結合を作ることができる。水は酸素が2個の水素と結合したものであり，結合角はほぼ104度である。180度にならないのは非共有電子対があるからである[8]。

酸素（電気陰性度3.5）と水素（2.1）の電気陰性度を比べると酸素のほうが大きい。この結果，酸素と水素を結ぶ結合電子雲は酸素のほうに引きつけられる。この結果，酸素はマイナスに荷電し，水素はプラスに荷電する。しかしその電荷量は +1，−1のように大きいものではなく，部分的な小さいものである。このようなものを部分電荷といい，$\delta+$（デルタプラス），$\delta-$で表わす。

このように共有結合にイオン性が表われたものを結合分極という。

結合のイオン性

共有結合にイオン性が表われるのは酸素と水素の間だけではない。アンモニア（NH_3）は三角錐形の化合物であるが，この窒素（電気陰性度3.0）と水素の間にもイオン性が表われ，窒素がマイナス，水素がプラスに荷電している。

炭素（2.5）が関与する結合にもイオン性が表われる。C−O，C=O，C−N，C=N，C≡Nではいずれも炭素がプラス，酸素，窒素がマイナスである。

電荷の偏り

Na^+ — Cl^-	H — H
イオン結合	共有結合
電荷の偏りあり	電荷の偏りなし

$Na \longrightarrow Na^+ + e^-$　電子放出

$Cl + e^- \longrightarrow Cl^-$　電子受け入れ

電気陰性度

H							He
2.1							
Li	Be	B	C	N	O	F	Ne
1.0	1.5	2.0	2.5	3.0	3.5	4.0	
Na	Mg	Al	Si	P	S	Cl	Ar
0.9	1.2	1.5	1.8	2.1	2.5	3.0	
K	Ca	Ga	Ge	As	Se	Br	Kr
0.8	1.0	1.3	1.8	2.0	2.4	2.8	

結合のイオン性

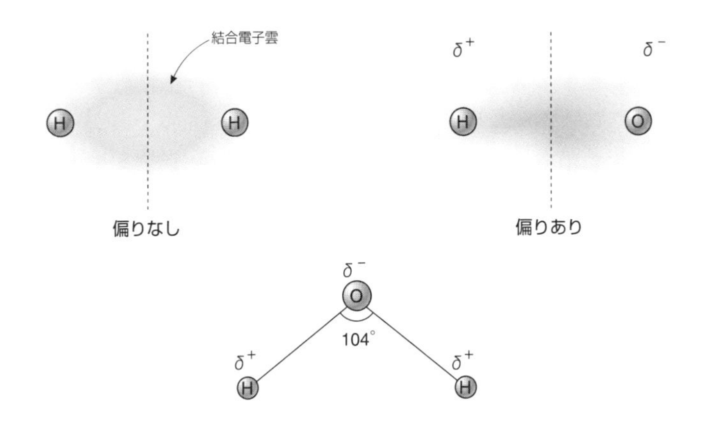

第5節　分子間結合

結合は原子の間にだけ働くものではない。豆を机の上に撒くと豆は一層になって散らばるが，水滴をテーブルに落とすと水滴は盛り上がる。この水滴の中では水分子が数え切れないくらい多くの層になって積みあがっている。水分子が層になるのは水分子の間に引力が働き，互いにスクラムを組んでいるからである。このように，分子間に働く引力を一般に分子間力という[9)]。

水素結合

水の酸素はマイナスに荷電し，水素はプラスに荷電している。2個の水分子が近づけば酸素と水素の間に静電引力が働く。この引力を水素結合という。水中において，水分子は何個もが水素結合によって引き付けあって集団を形成している。このようなものを会合（クラスター）という。

氷はこのような会合の極端な例と見ることもできる。氷では水分子は三次元に亘って水素結合し，あたかも氷全体が1個の分子のような状態になっている[10)]。

ファン・デル・ワールス力

分子間力は水のように結合分極を持った分子（極性分子）の間だけで働くとは限らない。水素分子やヘリウムのようなイオン性を持たない分子（非極性分子）の間にも働く。

このような非極性分子の間に働く引力として代表的なものに，ファン・デル・ワールス力[11)]がある。ファン・デル・ワールス力はいくつかの引力の総合したものであるが，その中の分散力を，原子を例にとって見てみよう。

分散力

原子はプラスに荷電した原子核とマイナスに荷電した電子雲からできている。原子核が電子雲の中心にいれば原子は電気的に中性であろう。しかし，電子雲は雲のようにフワフワしているので，原子核の周りをさ迷う。その結果，原子には瞬間的にプラス，マイナスの極性（イオン性）が生じる。すると隣の原子の電子雲が影響を受けて形を変える。そして結果的に2つの原子は静電引力で引き付け合うことになる。分散力は瞬間的引力であるが，原子分子集団の中に常に存在し，集団の原子分子を引き付け合わせる結果になる。

水素結合

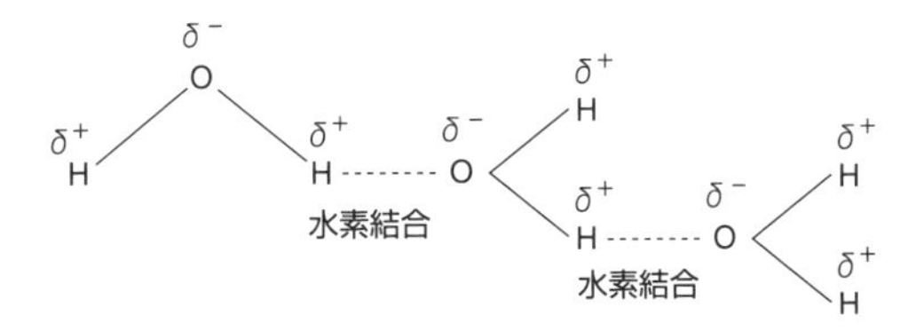

氷の構造[12)]

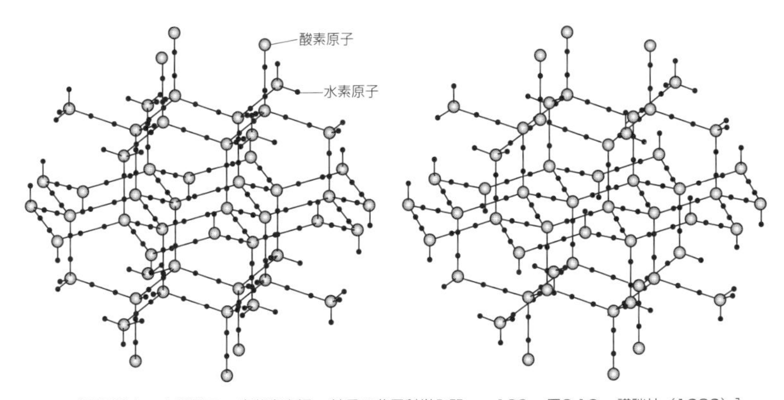

［笹田義夫，大橋裕二，斉藤喜彦編，結晶の分子科学入門，p.100，図3.19，講談社（1989）］

分 散 力

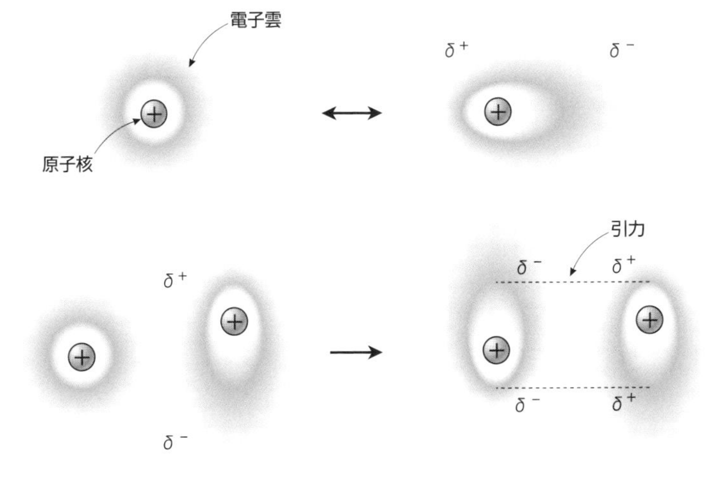

注

1)　希ガス元素の原子を一原子分子と言うことがある。
2)　共有結合を作ることのできる不対電子を価標と呼ぶことがある。29ページに見る「結合手」と同じものである。
3)　メタンは家庭に来ている都市ガス，つまり天然ガスの主成分である。
4)　エチレンは植物の熟成ホルモンである。果実は熟成する時にエチレンを放出し，そのエチレンを吸収した果実も熟成する。赤いリンゴと未熟成の酸っぱいキウイを同じビニール袋に入れておくと，リンゴの出したエチレンをキウイが吸って熟成して甘くなる。
5)　アセチレンと酸素ガスを混合したガスに火を着けて燃やした炎を酸素アセチレン炎という。酸素アセチレン炎の温度は3000℃に達するので鉄（融点1538℃）を融かすことができる。アセチレンボンベと酸素ボンベが在ればできるので，工事現場での鉄の溶接に欠かせない熱源である。
6)　食塩の主成分はNaClである。しかし食塩には多種類の不純物が混じっているので，化学でNaClを指す場合には食塩あるいは塩（しお）と言わず，塩化ナトリウムという。砂糖（一般語）とショ糖（科学用語）の関係も同じである。
7)　18族元素，希ガス元素は不活性でイオンになることがない。そのため18族元素には電気陰性度が定義されていない。
8)　p.29のメタンの構造図で，2本のC-H結合を非共有電子対で置き換えた物が水の構造図である。したがって水では2本のO-H結合の間の角度がメタンの109.5度と似た角度になる。
9)　分子間力にはいろいろの種類があるが，全ては弱い力であり，共有結合の1/10もないくらいである。
10)　氷での原子の配置はダイヤモンドにおける炭素原子の配置と同じである。
11)　ファンデルワールス：ヨハネス・ファン・デル・ワールス（1837～1923年）。オランダの物理学者。
12)　図において2個の酸素原子の間に2個の水素原子が書いてあるのは，1個の水素原子がこの2個の点の間を振動（結合の伸び縮み）していることを表す。

演習問題

問 1　結合の種類を 4 種あげよ。

問 2　イオン結合の特徴をあげよ。

問 3　金属の伝導性と温度の関係を説明せよ。

問 4　炭素，窒素，酸素の電子配置を図示せよ。

問 5　分子において電子は何処に入っているか。

問 6　共有結合において原子を結合させる電子を何と言うか。

問 7　メタンはどのような形か。また ∠HCH は何度か。

問 8　炭化水素で平面形，直線形の物それぞれの名前と分子式を書け。

問 9　次の原子を電気陰性度の順に不当号，等号を着けて並べよ。

H，F，O，C，N，Cl

問 10　分子間結合 3 種の名前をあげよ。

超伝導

金属の伝導は自由電子によって行われる。そのため温度が下がると金属原子の熱振動が弱くなり，自由電子の運動がスムーズになるため，電気抵抗が下がり，伝導度が増加する。

ある種の金属を極低温（数ケルビン）まで下げると，それまで徐々に低下してきた電気抵抗が突如0になる。この温度を臨界温度といい，電気抵抗0，伝導度無限大の状態を超伝導状態という。

超伝導状態の一番の特徴は，大電流を発熱無しに通すことができることであろう。このため，極めて強力な電磁石を作ることができ，この磁石を特に超伝導磁石という。JRが開発しているリニア新幹線に超伝導磁石を用いるのは，磁石の反発力を利用して車体を浮き上がらせ，抵抗を少なくするためである。また，脳の断層写真撮影に使われるMRIも超伝導磁石を利用している。

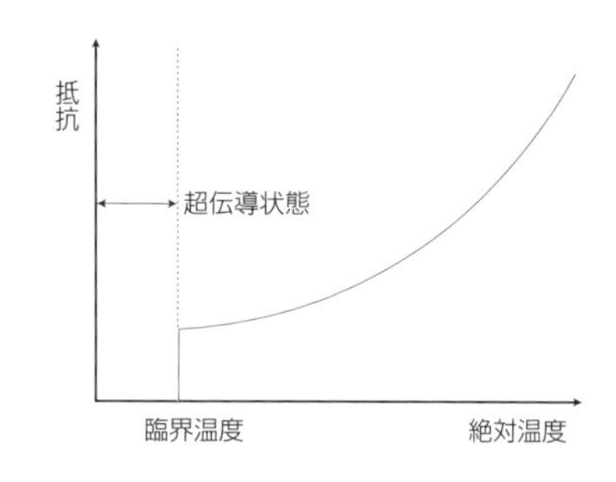

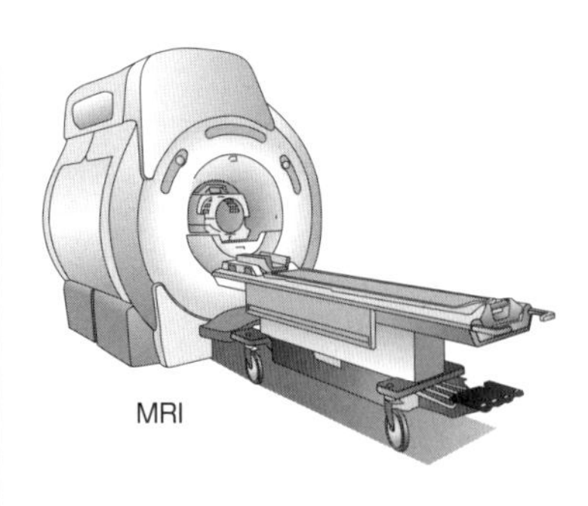

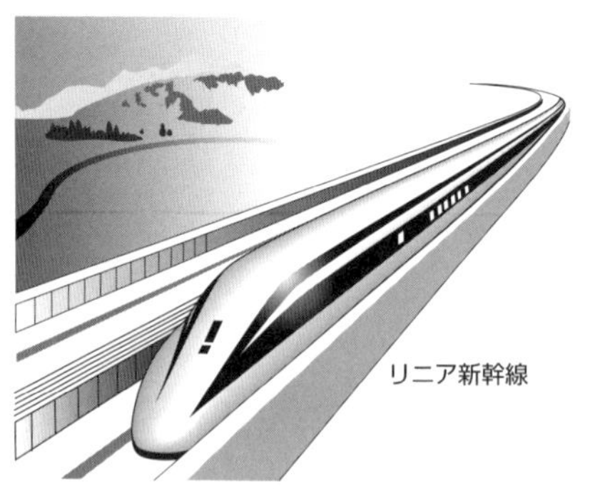

第Ⅱ部

無機化合物と有機化合物

第 3 章

無機化合物

炭素原子を含む化合物のうち，CO や CO_2 などのような簡単な構造の化合物を除いたものを有機化合物といい[1)]，それ以外のものを無機化合物という。

第１節　１族元素の性質

1族元素は最外繋に1個の電子を持っているので，これを放出して閉繋構造を取ろうとする，このため，+1価の陽イオン（カチオン）になりやすい。

1族元素のうち，水素（H）を除いた元素をアルカリ金属という。

水　素

水素原子は最も小さい原子であり，宇宙に最も多く存在する元素である[2]。太陽では2個の水素原子核を融合してヘリウム原子核にする核融合反応が行われており，その際に発生する膨大なエネルギーが太陽の光，熱エネルギーの源となっている。この反応は人類の究極のエネルギー源として，利用開発の研究が進められているが，実用化はまだまだ先のようである。しかし，水素爆弾はこの核反応を利用したものである。

水素分子は最も軽い（比重が小さい）分子であり，気球やアドバルーンに用いられる。酸素と爆発的に化合して水を作る。燃料電池の燃料として将来のクリーンエネルギーの担い手として期待されている。

アルカリ金属

水素以外の1族元素の酸化物は水に溶けると強いアルカリ性を示すので，アルカリ金属との名前が付いた。

◎　ナトリウム（Na）[3]：柔らかい銀白色の金属である。酸素や湿気と反応しやすいので石油中に保管される。食塩の電気分解で作られる。水と爆発的に反応して水酸化ナトリウム（NaOH）と水素を発生する。カリウムと共に神経細胞中にあり，神経細胞の信号伝達に重要な働きをしている。

◎　カリウム（K）：柔らかい銀白色の金属である。植物にも多く含まれている。植物の燃えカスである灰には炭酸カリウム（K_2CO_3）が含まれているため，灰汁はアルカリ性である[4]。

1族元素

	1	2	3	4	5	6	7	8	9	10	11	12	13	14	15	16	17	18
1	H																	He
2	Li	Be											B	C	N	O	F	Ne
3	Na	Mg											Al	Si	P	S	Cl	Ar
4	K	Ca	Sc	Ti	V	Cr	Mn	Fe	Co	Ni	Cu	Zn	Ga	Ge	As	Se	Br	Kr
5	Rb	Sr	Y	Zr	Nb	Mo	Tc	Ru	Rh	Pd	Ag	Cd	In	Sn	Sb	Te	I	Xe
6	Cs	Ba	La	Hf	Ta	W	Re	Os	Ir	Pt	Au	Hg	Tl	Pb	Bi	Po	At	Rn
7	Fr	Ra	Ac	Rf	Db	Sg	Bh	Hs	Mt	Ds	Rg	Cn	Nh	Fl	Mc	Lv	Ts	Og

水　素

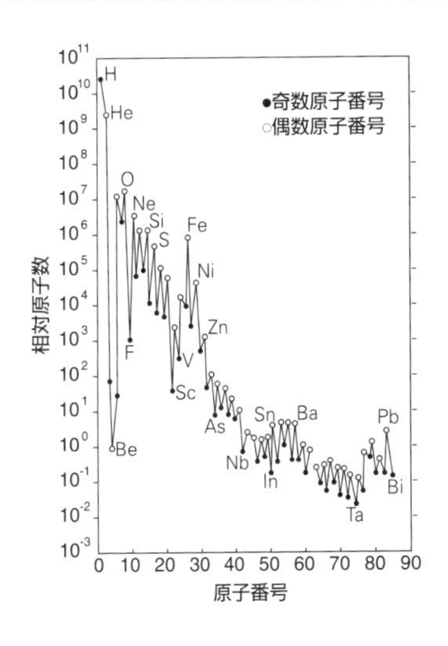

$^{1}_{1}H + ^{1}_{1}H$

$\longrightarrow$ $^{2}_{2}He$ + エネルギー

$2H_2 + O_2 \longrightarrow 2H_2O$ + エネルギー

アルカリ金属

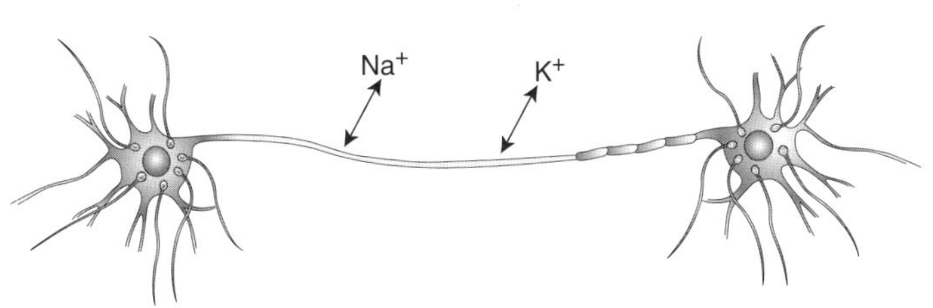

$2Na + 2H_2O \longrightarrow 2NaO + H_2$

$K_2O + H_2O \longrightarrow 2KOH$

第2節　2族と12族元素の性質

2族元素と12族元素は周期表では離れた位置にあるが，性質は似ている。どちらも最外繋に2個の電子を持ち，2価の陽イオンになりやすいからである。

2族：アルカリ土類金属

1族元素や2族元素を炎に入れると，炎に元素特有の色が付く。これを炎色反応という。花火はこの現象を利用したものである。

◎　マグネシウム（Mg）：軽い銀白色の金属であるが，空気中で激しく燃焼して閃光を放つのでフラッシュに用いられたこともある。水素を吸い込む性質のある水素吸蔵金属であり，自重の7.6%の水素を吸い込むことができる。葉緑素に含まれ，光合成で重要な働きをしている。

◎　カルシウム（Ca）：骨や歯の成分として生体に欠かせない元素である。酸化カルシウム（CaO）は生石灰と呼ばれ乾燥剤に使われるが，水と反応すると高熱を発する。硫酸カルシウム（$CaSO_4$）は水に溶かすと結晶水を取って膨潤固化するため，石膏として影像複製などに用いる。

12　族

◎　亜鉛（Zn）：人体にとって重要な微量元素であり。不足すると味盲症となり，食物の味がわからなくなる。鉄板に亜鉛メッキをしたものはトタンと呼ばれ，建築資材に用いられる。

◎　カドミウム（Cd）：毒性を持った金属であり，富山県のイタイイタイ病の原因となった金属である。カドミウムは亜鉛と同族なため，亜鉛鉱石に含まれるが，昔はカドミウムの使い道がないため，神通川に流され，それが環境を汚染したものであった。現在ではニッカド電池の原料や，原子力発電において発電量を制御する制御剤として用いられる。

◎　水銀（Hg）：毒性の強い金属である。熊本県の水俣病はメチル水銀によって引き起こされた。水銀は多くの金属を溶かしてアマルガムを作る。アマルガムは歯科材料に使われる。また，金アマルガムは伝統的な金メッキに用いられる。すなわち，金アマルガムを銅像に塗り，その後熱すると沸点の低い水銀は蒸発し，金だけが残って，銅像がメッキになるわけである。

2, 12族元素

	1	2	3	4	5	6	7	8	9	10	11	12	13	14	15	16	17	18
1	H																	He
2	Li	Be											B	C	N	O	F	Ne
3	Na	Mg											Al	Si	P	S	Cl	Ar
4	K	Ca	Sc	Ti	V	Cr	Mn	Fe	Co	Ni	Cu	Zn	Ga	Ge	As	Se	Br	Kr
5	Rb	Sr	Y	Zr	Nb	Mo	Tc	Ru	Rh	Pd	Ag	Cd	In	Sn	Sb	Te	I	Xe
6	Cs	Ba	La	Hf	Ta	W	Re	Os	Ir	Pt	Au	Hg	Tl	Pb	Bi	Po	At	Rn
7	Fr	Ra	Ac	Rf	Db	Sg	Bh	Hs	Mt	Ds	Rg	Cn	Nh	Fl	Mc	Lv	Ts	Og

2族元素

族	1族				2族			その他	
元　　素	Li	Na	K	Rb	Ca	Sr	Ba	Cu	Tl
炎色反応の色	深赤	黄	赤紫	深赤	橙赤	深赤	緑	青緑	黄緑

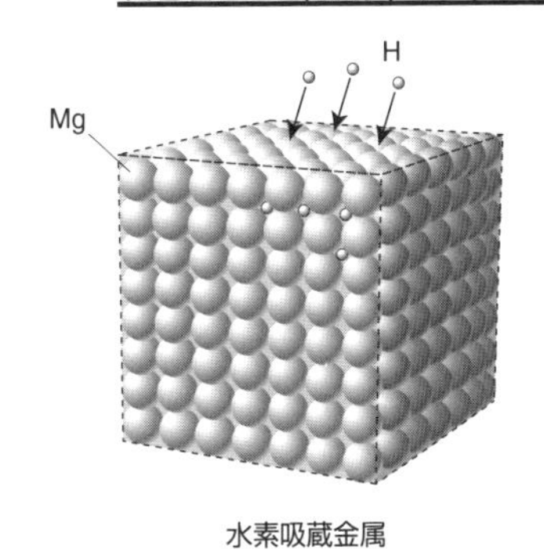

水素吸蔵金属

$$2Mg + O_2 \longrightarrow 2MgO + 閃光$$

$$CaO + H_2O \longrightarrow Ca(OH)_2$$
生石灰　　　　消石灰

$$CaSO_4 + 24H_2O \longrightarrow CaSO_4 \cdot 24H_2O$$

12族元素

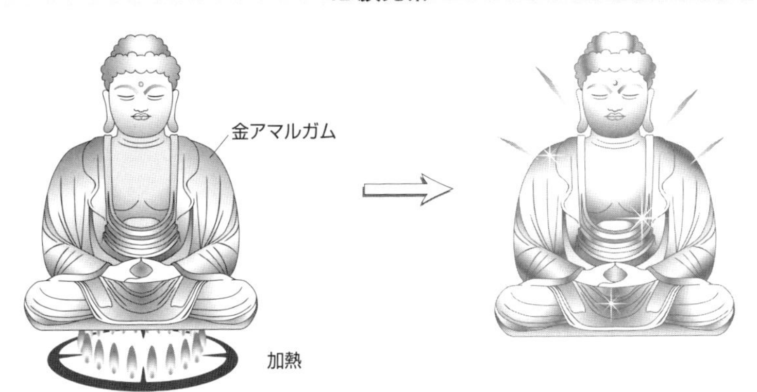

第3節　13族と14族元素の性質

13族元素はホウ素族，14族元素は炭素族元素といわれることもある。

13族元素

13族元素は最外繋に3個の電子を持つので3価の陽イオンになりやすい。ホウ素は3本の価標を使って3本の共有結合を作ることもできる。ホウ素以外の元素は金属である。

◎　ホウ素（B）：固く黒い固体である。酸化ホウ素を混ぜたガラスは熱膨張しにくいので耐熱ガラスとして食器や理化学機器に用いる。ホウ酸（H_3BO_3）は殺菌やゴキブリ取りなどに用いられる。

◎　アルミニウム（Al）：白色の軽い金属である。空気中で酸化されて酸化アルミニウム（Al_2O_3）の固い皮膜を作るのでそれ以上酸化されない。このような皮膜を不働体という[5)]。

　アルミニウムは地繋中に，酸素，ケイ素に次いで3番目に多く存在する元素である。宝石のルビーとサファイアは共に酸化アルミニウムの結晶に少量の不純物が混ざったものである。

14族元素[6)]

14属元素はイオンになりにくく，共有結合をする。

◎　炭素（C）：単一の元素でできた物質を単体という。水素分子や金，鉄などは単体である。炭素の単体にはダイヤや黒鉛がある。ダイヤと黒鉛の構造は図に示した通りである。このように互いに異なる単体を同素体という。炭素の同素体にはこのほかにも興味深い構造のものがある。C_{60}フラーレンは60個の炭素からできた球状の分子である。カーボンナノチューブは六角形の金網上に結合した炭素のシートが丸まって筒になったような構造である。これらは超伝導体，半導体，磁性体などとして優れた性質を持つ。今後の研究発展の待たれる物質群である。

◎　ケイ素（Si）：銀白色の固体である。半導体原料として欠かせないものであり，現在の情報文化の土台を支えるものである。また，酸化ケイ素（SiO_2）は水晶として宝石になるが，ガラスの原料であり，これまた現代文明に欠かせないものである。

13, 14 族元素

	1	2	3	4	5	6	7	8	9	10	11	12	13	14	15	16	17	18
1	H																	He
2	Li	Be											B	C	N	O	F	Ne
3	Na	Mg											Al	Si	P	S	Cl	Ar
4	K	Ca	Sc	Ti	V	Cr	Mn	Fe	Co	Ni	Cu	Zn	Ga	Ge	As	Se	Br	Kr
5	Rb	Sr	Y	Zr	Nb	Mo	Tc	Ru	Rh	Pd	Ag	Cd	In	Sn	Sb	Te	I	Xe
6	Cs	Ba	La	Hf	Ta	W	Re	Os	Ir	Pt	Au	Hg	Tl	Pb	Bi	Po	At	Rn
7	Fr	Ra	Ac	Rf	Db	Sg	Bh	Hs	Mt	Ds	Rg	Cn	Nh	Fl	Mc	Lv	Ts	Og

13 族元素

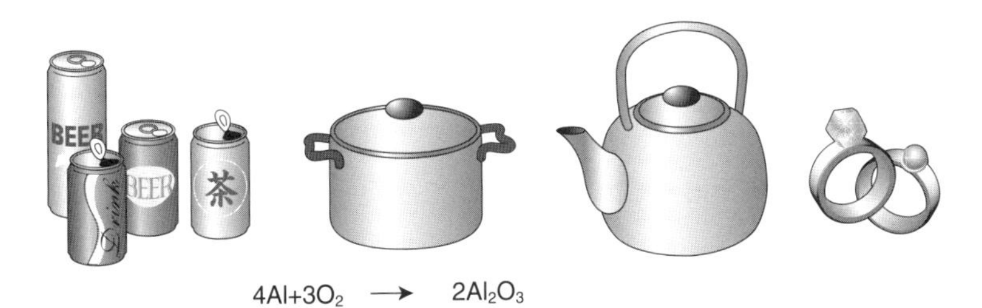

$4Al+3O_2 \longrightarrow 2Al_2O_3$

不働体，ルビー・サファイア

14 族元素

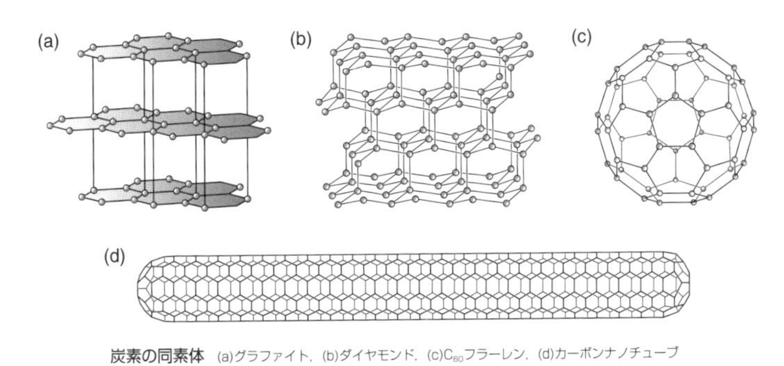

炭素の同素体　(a)グラファイト，(b)ダイヤモンド，(c)C_{60}フラーレン，(d)カーボンナノチューブ

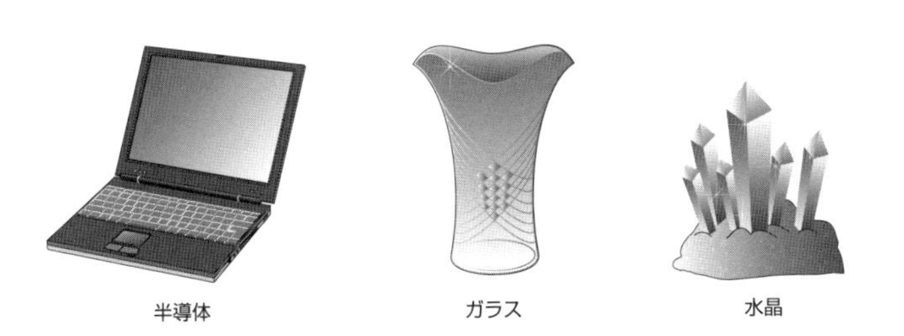

第4節　15族と16族元素の性質

15族元素は窒素族，16族元素は酸素族あるいはカルコゲン元素と呼ばれる。カルコゲンとはギリシア語で鉱物を意味する言葉である。

15族元素

15族元素は最外殻に5個の電子を持っている。もう3個の電子が加わると閉殻構造となって安定化できるため，−3価の陰イオンになりやすい。

◎　窒素（N）：空気の体積の8割を占める元素である。反応性は乏しいが，タンパク質の重要な構成成分であり，植物の重要な肥料でもある。窒素化合物は石油などの化石燃料にも含まれ，それが燃焼すると種々の窒素酸化物（ノックス，NO_x）を生成する。NO_xは水に溶けると硝酸などの酸となり，酸性雨の原因となる。また光化学スモッグの原因となる。

◎　リン（P）：黄リン，赤リン，黒リンの3種の同素体がある。黄リンは猛毒であるが，赤リンと黒リンは無毒である。赤リンはマッチの原料であり，黒リンは半導体である。リンは生体のエネルギー貯蔵物質であるATPや，遺伝を司るDNAやRNAなどの核酸の重要な構成元素である。

16族元素

16族元素は最外殻に6個の電子を持っている。もう2個の電子が加わると閉殻構造となるため，16族元素は−2価の陰イオンになりやすい。

◎　酸素（O）：空気の体積の2割を占める。反応性が高く，多くの金属元素と化合して鉱物を作る。そのため，地殻で最も多い。この同位体として酸素（O_2）と，オゾン（O_3）がある。地上50 kmほどにはオゾン濃度の特に高いオゾン層があり，有害な宇宙線を遮っている。最近，南極上空のオゾン層に孔（オゾンホール）が空き，問題となっている。

◎　硫黄（S）　単斜硫黄，斜方硫黄，ゴム状硫黄などの同素体がある。石炭などの化石年燃料に含まれているため，化石燃料を燃焼すると種々のイオウ酸化物（ソックス，SO_x）が生成する。SO_xは水に溶けると硫酸などの強酸となるため，酸性雨の原因となる。

　硫化水素（H_2S）は温泉の匂いの元といわれる腐卵臭を持ち，火山ガスなどに含まれるが強い毒性を持つため，注意が肝要である。

15, 16 族元素

	1	2	3	4	5	6	7	8	9	10	11	12	13	14	15	16	17	18
1	H																	He
2	Li	Be											B	C	N	O	F	Ne
3	Na	Mg											Al	Si	P	S	Cl	Ar
4	K	Ca	Sc	Ti	V	Cr	Mn	Fe	Co	Ni	Cu	Zn	Ga	Ge	As	Se	Br	Kr
5	Rb	Sr	Y	Zr	Nb	Mo	Tc	Ru	Rh	Pd	Ag	Cd	In	Sn	Sb	Te	I	Xe
6	Cs	Ba	La	Hf	Ta	W	Re	Os	Ir	Pt	Au	Hg	Tl	Pb	Bi	Po	At	Rn
7	Fr	Ra	Ac	Rf	Db	Sg	Bh	Hs	Mt	Ds	Rg	Cn	Nh	Fl	Mc	Lv	Ts	Og

15 族元素

$$N_2 + O_2 \longrightarrow NO_X$$

$$N_2O_5 + H_2O \longrightarrow 2HNO_3$$ （硝　酸）

NO_X の種類	化学式	N_2O	NO	N_2O_3	NO_2	N_2O_4	N_2O_5
	性　質	無　色	無　色	赤褐色	黄　色	黄　色	無　色
		気　体	気　体	気　体	液　体	液　体	固　体

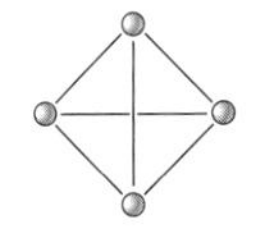

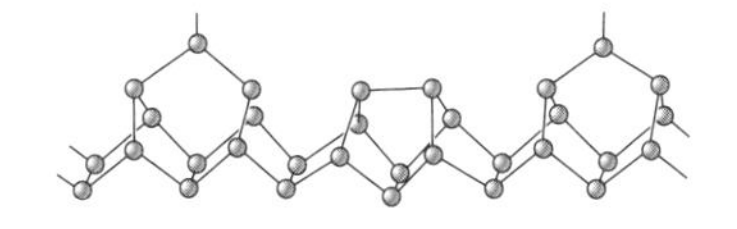

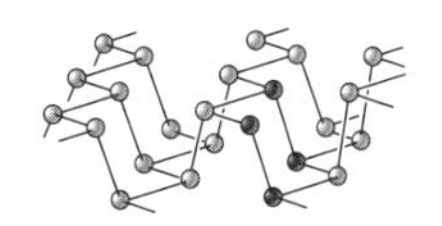

黄リン（有毒）　　赤リン（マッチ）　　黒リン（ゴム状）

16 族元素

$O{=}O$
酸素分子

$O{=}\overset{+}{O}{-}\overset{-}{O}$
オゾン分子

$$S + O_2 \longrightarrow SO_X$$

$$SO_3 + H_2O \longrightarrow H_2SO_4$$ （硫　酸）

SO_X の種類	化学式	SO	SO_2	SO_3	S_2O_7	SO_4
	性　質	無　色	無　色	白　色	無　色	白　色
		気　体	気　体	固　体	油　状	固　体

第5節　17族と18族元素の性質

17族元素はハロゲン元素，18族元素は希ガス元素と呼ばれる。ハロゲンは－1価の陰イオンになりやすく，強い反応性を持つ。それに対して希ガス元素は極端に反応性に乏しい。

17族元素

ハロゲン元素は最外繋に7個の電子を持っている。そのため，1個の電子を受け入れると閉繋構造となるため，－1価の陰イオンになりやすい。

◎　フッ素（F）：フッ素，塩素と炭素の化合物を一般にフロンと呼ぶ。フロンは沸点が低く，反応性が乏しいため，フライパンの塗装，エアコンの冷媒，スプレーの噴霧剤，精密電子部品の洗浄などに用いられた。

しかし，フロンはオゾンを破壊し，オゾンホールを作ることが明らかとなった（前項参照）。

◎　塩素（Cl）：緑色の気体で，食塩（NaCl）の加水分解によって得られる。水素と結合して塩化水素（HCl）となり，その水溶液が塩酸である。

塩素を含む有機物を有機塩素化合物というが，かつてBHC，DDTなどの殺虫剤やPCBなどの絶縁油として多用された。有機塩素化合物を燃焼するとダイオキシンを発生することが問題となっている。

18族元素

18族元素はそれ自身で閉繋構造となっている。そのため，イオンになることもなく，共有結合をすることもほとんどなく，非常に安定な元素である。

◎　ヘリウム（He）：水素に次いで軽く，しかも反応性に乏しく，爆発，燃焼の心配が無いため，飛行船などに用いられる。全元素中，もっとも低い温度で液体になるため（沸点4 K，269℃），超伝導体の冷却などの冷媒として用いられる。

ヘリウムは，現代科学を支える物質であるが日本では産出されず，米国テキサス州の油井など，限られた地域でしか産出されない。

◎　ネオン（Ne）：空気中で放電すると赤色に発光するため，ネオンサインに用いられる。ヘリウム，ネオン，アルゴン（Ar）などは，レーザーの発振源としても用いられる。

17, 18 族元素

	1	2	3	4	5	6	7	8	9	10	11	12	13	14	15	16	17	18
1	H																	He
2	Li	Be											B	C	N	O	F	Ne
3	Na	Mg											Al	Si	P	S	Cl	Ar
4	K	Ca	Sc	Ti	V	Cr	Mn	Fe	Co	Ni	Cu	Zn	Ga	Ge	As	Se	Br	Kr
5	Rb	Sr	Y	Zr	Nb	Mo	Tc	Ru	Rh	Pd	Ag	Cd	In	Sn	Sb	Te	I	Xe
6	Cs	Ba	La	Hf	Ta	W	Re	Os	Ir	Pt	Au	Hg	Tl	Pb	Bi	Po	At	Rn
7	Fr	Ra	Ac	Rf	Db	Sg	Bh	Hs	Mt	Ds	Rg	Cn	Nh	Fl	Mc	Lv	Ts	Og

17 族元素

フロン	名　称	フロン11	フロン12	フロン113	フロン115
	構　造	CCl_3F	CCl_2F_2	$CClF_2-CCl_2F$	$CClF_2-CF_3$
	沸　点	23.8	−30.0	47.6	−39.1

$$CFCl_3 \xrightarrow{\text{紫外線}} CFCl_2\cdot + Cl\cdot$$

$$Cl\cdot + O_3 \longrightarrow O_2 + OCl$$

$$OCl + O_3 \longrightarrow 2O_2 + Cl\cdot$$

反応を繰り返す（連鎖反応）

BHC　　DDT　　PCB

18 族元素

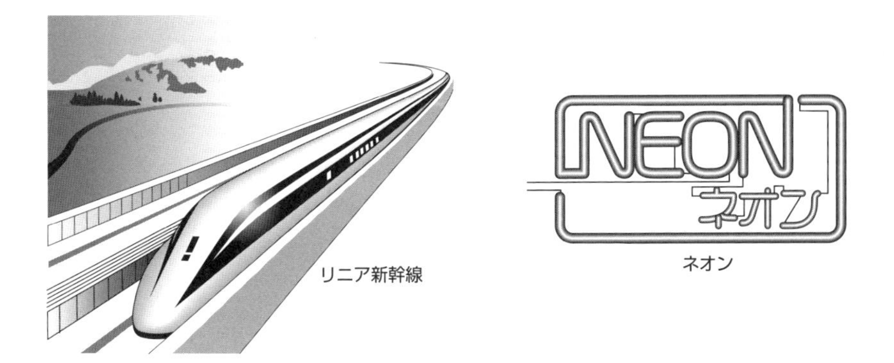

リニア新幹線

ネオン

第6節　遷移元素の性質

3族から12族までの元素を遷移元素という。全元素のうち50種は典型元素であり，残りは遷移元素である。遷移元素はすべて金属元素である。

典型元素は族ごとに明白な性質の違いがあったが，遷移元素ではそのような傾向は見られない。遷移元素は現代科学において重要なものとなっている。

遷移元素の分類[7)]

遷移元素のうち，ランタノイド，アクチノイドをfブロック遷移元素，それ以外をdブロック遷移元素ということもある。また3族のスカンジウム（Sc），イットリウム（Y），それとランタノイドを併せて希土類ということもある。

自然界に存在する元素は原子番号92番のウランまでである。それ以降の原子は原子炉で人工的に作られたものであり，超ウラン元素と呼ばれる。

貴金属

化学的には金（Au），銀（Ag），銅（Cu），水銀（Hg）を貴金属というが，宝飾界では金，銀，白金（Pt）を貴金属という。金，銀，白金はいずれも美しい金属光沢を持ち，錆びにくくいつまでも美しさを保つ。金の純度はK（カラット）で表わす。すなわち，純金を24Kとし，12Kは金の含有量が半分であり，残りは他の金属である。

重金属・軽金属[8)]

比重がおおむね5以下の金属を軽金属，それ以上の金属を重金属という。軽金属にはナトリウム（Na）（比重0.97），アルミニウム（Al）（比重2.7），マグネシウム（Mg）（比重1.7）などがある。遷移元素はすべてが重金属である。

重金属は鉄（Fe），亜鉛（Zn）など，微量元素として生体で重要な働きをするものもあるが，反対に生体に深刻な被害を与えるものもある。重金属は一回に摂取する量は少なくとも，体内に蓄積するため注意が肝要である。

希土類元素には強い磁性を持つもの（サマリウム（Sm），ネオジウム（Nd）），水素を吸蔵するもの（ランタン（La）），ケイ光性を持つもの（イットリウム（Y））など有用なものが多いが，埋蔵量が少なく，注目を集めている。

遷移元素

	1	2	3	4	5	6	7	8	9	10	11	12	13	14	15	16	17	18
1	H																	He
2	Li	Be											B	C	N	O	F	Ne
3	Na	Mg											Al	Si	P	S	Cl	Ar
4	K	Ca	Sc	Ti	V	Cr	Mn	Fe	Co	Ni	Cu	Zn	Ga	Ge	As	Se	Br	Kr
5	Rb	Sr	Y	Zr	Nb	Mo	Tc	Ru	Rh	Pd	Ag	Cd	In	Sn	Sb	Te	I	Xe
6	Cs	Ba	La	Hf	Ta	W	Re	Os	Ir	Pt	Au	Hg	Tl	Pb	Bi	Po	At	Rn
7	Fr	Ra	Ac	Rf	Db	Sg	Bh	Hs	Mt	Ds	Rg	Cn	Nh	Fl	Mc	Lv	Ts	Og

ランタノイド	La	Ce	Pr	Nd	Pm	Sm	Eu	Gd	Tb	Dy	Ho	Er	Tm	Yb	Lu
アクチノイド	Ac	Th	Pa	U	Np	Pu	Am	Cm	Bk	Cf	Es	Fm	Md	No	Lr

分　類

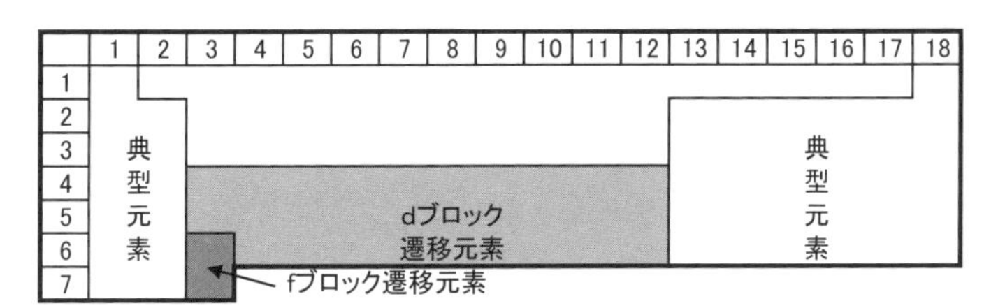

fブロック遷移元素	La	Ce	Pr	Nd	Pm	Sm	Eu	Gd	Tb	Dy	Ho	Er	Tm	Yb	Lu
	Ac	Th	Pa	U	Np	Pu	Am	Cm	Bk	Cf	Es	Fm	Md	No	Lr

希土類(Sc, Yを含む)
超ウラン元素

用　途

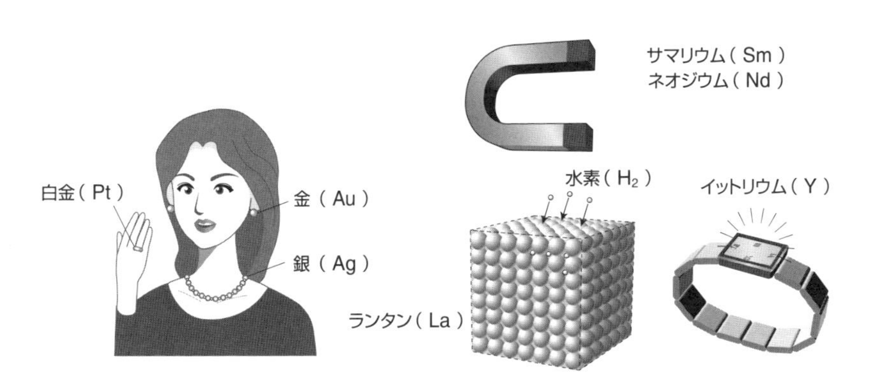

注

1)　昔は生物だけが作ることのできるタンパク質，糖類などを有機物と言ったが，化学が発展するとこの様な有機物をも人為的に作る（化学合成）ことができるようになった。そのため，有機物の定義が変化した。

2)　宇宙は138億年前に起きたビッグバンで生成したが，その時飛散った原子のほとんどすべては水素原子であった。水素原子より大きい原子の多くは水素原子の核融合反応によってできたものである。

3)　最近ナトリウム化合物はお掃除グッズなどとして人気である。主な物の構造式を示して置く。

　カ性ソーダ（水酸化ナトリウム）NaOH，重曹（炭酸水素ナトリウム）$NaHCO_3$，炭酸ソーダ（炭酸ナトリウム）Na_2CO_3，セスキ炭酸ソーダ（セスキ炭酸ナトリウム）$Na_3H(CO_3)_2$。「ソーダ」はナトリウム（英語）のドイツ語名である。

4)　カリウムが酸化されれば酸化カリウム K_2O となるが，これはただちに空気中の二酸化炭素 CO_2 と反応して炭酸カリウムとなる。

$$4K + O_2 \rightarrow 2K_2O \qquad K_2O + CO_2 \rightarrow K_2CO_3$$

5)　ステンレス，鉄，クロム，ニッケルの合金が錆びないのも，クロムやニッケルが不動体を作るからである。

6)　6族元素にはゲルマニウムや鉛がある。ゲルマニウムはケイ素と並んで半導体として有名である。鉛は身近な金属であり，比重が大きくて柔らかく，しかも融点が低いため，釣りの重りやハンダの原料として良く用いられた。しかし毒性が強いため，最近は使用が控えられている。

7)　金属元素のうち，先端科学産業に欠かせないのに日本では産出されないものをレアメタル（希少金属）と言い，現在48種の元素が指定されている。レアメタルには3族元素のうちスカンジウム，イットリウム，それと15種類のランタノイド元素が含まれる。これらは化学的にレアアース（希土類）と呼ばれる。レアアースは発光，発色，磁性，レーザー発振など，現代科学の最先端を担う物が多い。

8)　金属で最も比重が小さいのはナトリウムであり，最も大きいのはオスミウムで比重は22.57もある。金や白金も重い金属であり，金は19.3，白金は21.45。

演習問題

問 1　1 族元素と 2 族元素の名前を 3 個ずつあげよ。

問 2　宇宙で 1 番目と 2 番目に多い元素名をあげよ。

問 3　カルシウムが酸化カルシウムになり，さらに水酸化カルシウムになる反応を反応式で書け。

問 4　金属の表面にできる酸化物の膜で，それ以上の酸化を防ぐものをなんというか。

問 5　希ガス元素以外で，常温で気体，液体の元素名をあげよ。

問 6　窒素酸化物，硫黄酸化物の一般名を答えよ。

問 7　遷移元素とは周期表で何族か。

問 8　貴金属元素の名前を 3 つあげよ。

問 9　18 K の金に含まれる金は何％か。

問 10　有機塩素化合物の名前を 3 つあげよ。

宇宙と地球の元素

宇宙の始まりは138億年ほど前のビッグバンであるといわれている。この爆発によって時間と空間ができ，同時に大量の水素原子が飛び散った。時間が経つと水素原子はところどころで集団を作り，かたまり，高温の恒星になって核融合反応を生じた。このようにしてヘリウムなど，大きな原子が生じた。

そして安定な鉄が生じると核融合はそれ以上進行しなくなり，火の消えた恒星は爆発し，このときに鉄より大きい原子が生じた。

左図は宇宙における元素の相対的存在度である。水素，ヘリウムが圧倒的に多いことがわかる。また，原子番号が偶数の元素の存在度が高いことも特色である。

右図は地球を構成する元素である。地球は層状構造をしており，各層によって特徴的な元素組成をしている。太古の地球は高熱で熔けて液体状だったため，比重の大きい鉄やニッケルが中心に沈み，軽いアルミニウムやケイ素，カルシウムなどが地盤に浮いた結果であるといわれている。

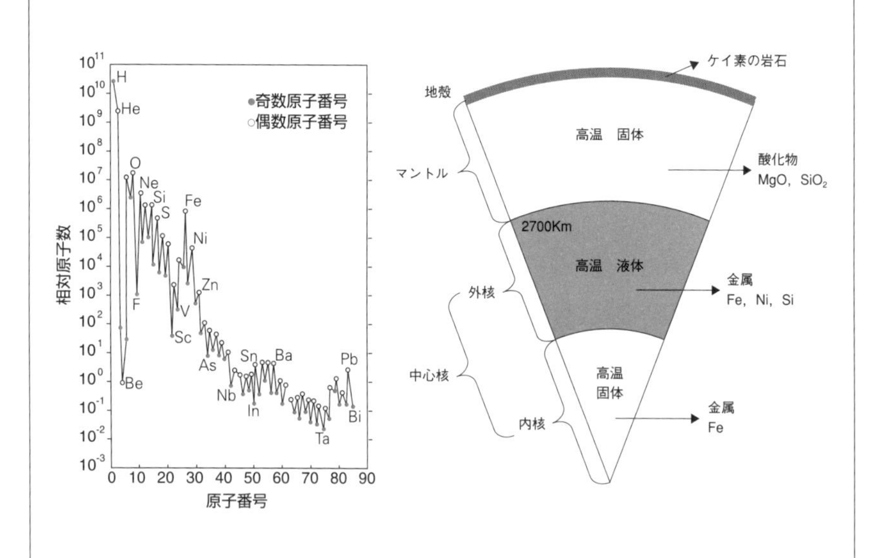

第 4 章
有機化合物

複数種類の原子からできた分子を化合物という。有機化合物とは，もともとは生体に関係した化合物のことであったが，現在は炭素を含む化合物のうち，CO や CO_2 のような簡単なものを除いたもの全般をさす。

第1節　分子構造

有機化合物は多くの原子できているものが多い，そのため有機化合物の構造には複雑なものが多い。

分子式と分子量

C_4H_{10} のように，分子を構成する原子の種類と個数を表わした記号を分子式という。分子式にあるすべての原子の原子量の和を分子量という。メタン CH_4 なら $12+4\times1=16$ となる。原子量の場合と同様に，分子がアボガドロ数個 (6.02×10^{23}) 集まったものを1モルという。1モルの分子の質量は分子量（に g を付けたもの）に等しくなる。

構造式

分子式 C_4H_{10} で表わされる分子には，**1** と **2** の2種類があり，まったく異なる分子であり，このように原子の結合順序を表わした記号を構造式という。**1**，**2** の構造式は原子の結合順序を分かりやすく表わしているが，原子が多くなると込み入ってわかりにくくなる。

そこで簡略化した表記法が考案された。その代表的なものを表にまとめた。カラム4の表記法は非常に単純であるが，次のような約束にしたがっている。

① 直線の端と屈折点には炭素があるものとする。

② 二重結合は二重線＝，三重結合は三重線≡で表す。

③ 炭素には価標を満足するだけの水素が着いているものとする。

④ C，H，以外の元素（ヘテロ原子ということがある）は元素記号で表す。

このように約束すると，カラム **1**，**2** と **4** の構造式が完全に対応する。

異性体

分子式は同じだが構造式の異なるものを互いに異性体という。先に出た C_4H_{10} の2つの化合物 **1** と **2** は異性体である。表中の分子 **3**，**4** も互いに異性体である。このように異性体の多いことも有機化合物の構造を複雑にしている要因である。

分子構造

構造式

```
  H H H H               H
  | | | |             H-C-H
H-C-C-C-C-H         H   |   H
  | | | |           |   |   |
  H H H H         H-C - C - C-H
                    |   |   |
                    H   H   H
     1                  2
```

分子式　C_4H_{10}

構造式[1)]

物質番号	カラム1	カラム2	カラム3	カラム4
1	H H H H H-C-C-C-C-H H H H H	$CH_3-CH_2-CH_2-CH_3$	$CH_3(CH_2)_2CH_3$	
2	H H H-C-H H H-C - C - C-H H H H	CH_3 $CH_3-CH-CH_3$		
3	H H C H - C - C - H H H	CH_2 CH_2-CH_2		
4	H H H、C = C - C -H H′ H	$H_2C=CH-CH_3$		
5	H H C H C=C C C C H C=C H H	HC=CH CH HC CH CH		
6	H H - C ≡ C - C - H H	$HC\equiv C-CH_3$		

第2節　炭化水素

炭素と水素だけからできた化合物を炭化水素という。

炭化水素の種類

炭化水素のうち，単結合だけからできたものをアルカン，二重結合1個を含んだものをアルケン，三重結合1個を含んだものをアルキンという。すべての化合物には名前が付いている。化合物の名前の付け方には規則があり，それを命名法という。命名法は化合物の構造を反映したものであり，名前を聞けば構造が分かる仕組みになっている。

アルカン

アルカンの分子式は一般に C_nH_{2n+2} で表わされる。名前は，アルカンを構成する炭素の個数を表わすラテン語の数詞を元にしている。その関係を表にまとめた。炭素数5のアルカンを見てみよう。5を表わす数詞は penta である。それに対して名前は pentane である。すなわち，数詞の語尾に ne をつけると名前になるのである。それに対して，炭素数1～4個のアルカンの名前は数詞と無関係である。これは，これらの名前が命名法の定まる前から一般化していたため，特例として認めたものである。このような名前を慣用名という。

シクロアルカン

アルカンの両端の炭素が結合して環状になったものをシクロアルカンという。接頭語のシクロは環状という意味である。シクロアルカンの名前は同じ炭素数のアルカンの名前の前に“シクロ”を付ければよい。シクロアルカンの分子式はアルカンに比べて水素が2個少なくなるので C_nH_{2n} である。

アルケン，アルキン

アルケン，アルキンの分子式はそれぞれ C_nH_{2n}，C_nH_{2n-2} となる。アルケン，アルキンの名前は同じ炭素数のアルカンの名前の語尾の“ane”をそれぞれ“ene”，“yne”に変えればよい。したがって炭素数2個のアルカン，アルケン，アルキンはそれぞれ ethane エタン，ethene エテン（エチレン），ethyne エチン（アセチレン）となる。カッコ内の名前は慣用名である。

アルカン

炭素数	数 詞	名 前	構 造	数詞の例
1	mono モノ	methane メタン	CH_4	monorail
2	di(bi) ジ, ビ	ethane エタン	CH_3CH_3	bicycle (二輪車)
3	tri トリ	propane プロパン	$CH_3CH_2CH_3$	triangle (三角形)
4	tetra テトラ	butane ブタン	$CH_3(CH_2)_2CH_3$	tetrapod (テトラポット)
5	penta ペンタ	pentane ペンタン	$CH_3(CH_2)_3CH_3$	pentagon (米国防総省)
6	hexa ヘキサ	hexane ヘキサン	$CH_3(CH_2)_4CH_3$	hexarench
7	hepta ヘプタ	heptane ヘプタン	$CH_3(CH_2)_5CH_3$	heptathlon (七種競技)
8	octa オクタ	octane オクタン	$CH_3(CH_2)_6CH_3$	octopus (タ コ)
9	nona ノナ	nonane ノナン	$CH_3(CH_2)_7CH_3$	nanometer (10^{-9}m)
10	deca デカ	decane デカン	$CH_3(CH_2)_8CH_3$	デカ(刑事)は 銃(10)を持つ
20	icosa イコサ	icosane イコサン	$CH_3(CH_2)_{18}CH_3$	
たくさん	poly ポリ			polymer (高分子化合物)

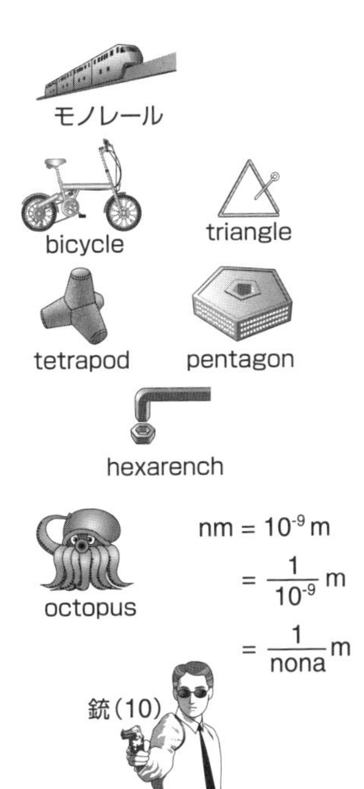

シクロアルカン

シクロプロパン

シクロブタン

シクロヘキサン

構 造 式

H_3C-CH_3

ethane エタン

$H_2C=CH_2$

ethene エテン
(エチレン)

$HC\equiv CH$

ethyne エチン
(アセチレン)

第3節　有機化合物の構造

多くの有機化合物の構造は平面形ではなく，立体形である。また，アルカンに似た部分もあれば，それとはまったく異なった部分もある。このように複雑な構造も，整理してみると意外と単純であることがわかる。

立体構造

有機化合物は“構造式”が同じでも異なった“構造”をとっていることがある。それは有機化合物の構造が立体的であるからである。図はエタンの構造である。C−H 結合のうち，実線で書いてあるものは紙面上にあり，点線は奥に，楔形は手前に伸びている約束である。このような違いは図のニューマン投影図で表わすとわかりやすい。

エタンを C−C 結合で回転すると二種類の形を取ることがわかる。すなわち，両方の炭素についている水素が重なった，重なり型 **1** と，互い違いになった，ねじれ型 **2** である。このような異性体を回転異性体という。重なり型では両方の炭素についた水素の間で衝突（立体反発）が起こるので，不安定である。

イス型と舟型

回転異性体でよく知られた例がシクロヘキサンである。シクロヘキサンは六角形の化合物であるが，平面形ではない。複雑に折りたたまれた構造をしている。**3** は安楽イスの形に見立ててイス型，**4** は舟の形をしているので舟型といわれる。それぞれを 3D 図で立体的に表わした。

イス型と舟型は結合を回転すると互いに変化しあう。舟型では舳先にある水素同士の立体反発があるのでイス型の方が安定である。

置 換 基

有機化合物の構造を考えるとき，“本体”と“顔”に分けて考えると分かりやすい。このとき“顔”に相当する部分を置換基という。置換基には表に示したように，簡単なものから複雑な構造のものまでたくさんある。

炭素と水素の単結合だけからできたものをアルキル基といい，それ以外のものを官能基という。アルキル基は分子に主に立体的な影響を与える。それに対して官能基は分子全体の性質や反応性を決定する重要なものである。

立体構造

回転

1 重なり型
（不安定）

2 ねじれ型
（安定）

イス型と舟型

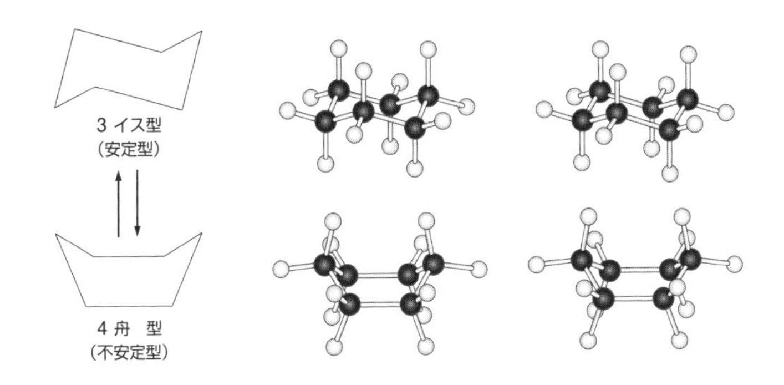

3 イス型
（安定型）

4 舟　型
（不安定型）

置換基[2)]

	基	基名	一般式	一般名	例	
アルキル基[3)]	$-CH_3$	メチル基				
	$-CH_2CH_3$	エチル基				
官能基	$-OH$	ヒドロキシ基	$R-OH$	アルコール	CH_3-OH	メタノール
	$>C=O$	カルボニル基	$R_2C=O$	ケトン	$Me_2C=O$	アセトン
	$-CHO$	ホルミル基	$R-CHO$	アルデヒド	CH_3-CHO	アセトアルデヒド
	$-COOH$	カルボキシル基	$R-COOH$	カルボン酸	CH_3-COOH	酢　酸
	$-NH_2$	アミノ基	$R-NH_2$	アミン	CH_3-NH_2	メチルアミン
	$-NO_2$	ニトロ基	$R-NO_2$	ニトロ化合物	CH_3-NO_2	ニトロメタン
	$-CN$	ニトリル基	$R-CN$	ニトリル化合物	CH_3-CN	アセトニトリル

第4節　アルコール，エーテル，アルデヒド

酸素を含む有機化合物には重要なものが多い。ここではアルコール，エーテル，アルデヒドについて見てみよう。

アルコール

ヒドロキシ基（$-OH$）を持つものを一般にアルコールという。メチル基（$-CH_3$）に OH の付いたメタノール（メチルアルコール），エチル基（$-H_2CH_3$）に OH の付いたエタノール（エチルアルコール）などがある[4)]。

エタノールは酒類に含まれて食用となり，消毒用に用いられ，また，各種の反応の溶媒として利用される。自動車の不凍液に含まれるエチレングリコールのように，1 分子中に複数個のヒドロキシ基を持つ化合物もある。

アルコールの OH 基は水（HOH）の OH 基と同じ性質を持つ。そのためアルコールは水とよく似た性質を持ち，水によく溶け中性である。

1 分子のアルコールから水がとれると二重結合が生成し，アルケンができる。また，2 分子のアルコールから水が取れると次項で見るエーテルができる。

エーテル

酸素に 2 個のアルキル基がついたものをエーテルという。メチル基が 2 個ついたジメチルエーテルや，エチル基が 2 個ついたジエチルエーテルが代表的である。ジエチルエーテルには麻酔作用があるが，引火性が強く危険である。環境汚染物質といわれるダイオキシンはエーテルが環状になったものである。

アルデヒド

ホルミル基（CHO）を持つ化合物を一般にアルデヒドという。ホルムアルデヒドやアセトアルデヒドが典型である。アルコールの中には酸化されるとアルデヒドになるものもある。

メタノールを酸化するとホルムアルデヒドになる[5)]。ホルムアルデヒドの水溶液（30％程度）はホルマリンと呼ばれ，生物標本の作製に用いられる。ホルムアルデヒドはある種のプラスチック類に不純物として含まれることがあり，シックハウス症候群の原因物質といわれている。

アルコール・エーテル

	構　造	名　称	用途・性質
アルコール	CH_3-OH	メタノール	有毒・反応溶媒・洗浄溶媒
	CH_3CH_2OH	エタノール	飲用・反応溶媒・洗浄溶媒
	CH_2-OH / CH_2-OH	エチレングリコール	不凍液
エーテル	CH_3-O-CH_3	ジメチルエーテル	溶媒
	$CH_3CH_2-O-CH_2CH_3$	ジエチルエーテル	溶媒・麻酔性

$$H_2C(H)-CH_2(OH) \xrightarrow{-H_2O} H_2C=CH_2$$

エタノール → エチレン

$$CH_3-CH_2-O-H \quad H-O-CH_2-CH_3 \xrightarrow{-H_2O} CH_3-CH_2-O-CH_2-CH_3$$

エタノール → ジエチルエーテル

アルデヒド

$$CH_3-OH \longrightarrow H-C(=O)-H$$

メタノール → ホルムアルデヒド

$$CH_3-CH_2-OH \longrightarrow CH_3-C(=O)-H$$

エタノール → アセトアルデヒド

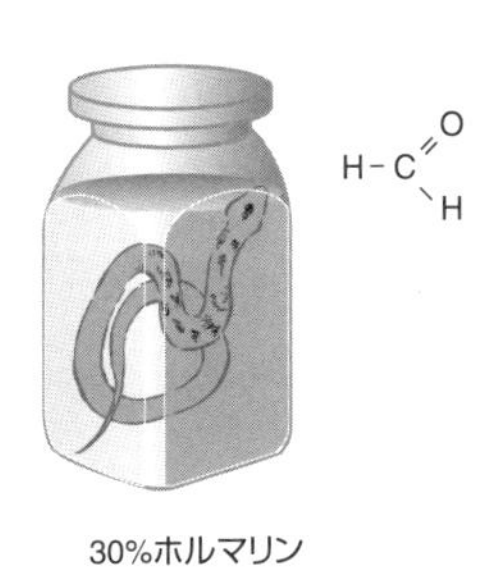

H-C(=O)-H

30%ホルマリン

第5節　ケトン，カルボン酸

ケトンやカルボン酸は反応性が高く，化学工業の原料，溶媒として大切である。カルボン酸は酸性の化合物であり，日常生活になじみが深いものである。

ケトン

カルボニル基に2個のアルキル基の付いたものをケトンという。メチル基が2個付いたアセトンが代表である。アセトンは有機物を溶かす力が強いので各種反応溶媒，洗浄溶媒として利用される。一般にケトン類は反応性が強いので合成反応の原料として利用される。

カルボン酸[6)]

カルボキシ基（$-CO_2H$）の付いた化合物をカルボン酸という。カルボン酸は H^+ を放出する性質があるので酸性である。酢酸は弱い酸の代表である。

ギ（蟻）酸はその名の通り，アリが持つ酸である。酢酸は食酢に含まれる酸であり，酢の酸味の原因物質である。クエン酸は構造が複雑であるが，植物に広く含まれ，果実の酸味の元となる物質である。アミノ酸はタンパク質の構成分子であり，生体にとって最も大切な分子の一種である。

カルボン酸の反応

カルボン酸はアルデヒドを酸化することによって得られる。アルデヒドはアルコールの酸化によって生成する。したがってアルコール，アルデヒド，カルボン酸の関係は図のようになる。2分子のカルボン酸から水を除くと酸無水物が生じる。このような反応を脱水反応という。酢酸の脱水反応からは無水酢酸が生成する。

エステル

アルコールとカルボン酸から水が取れて結合したものをエステルという。酢酸とエタノールから生じた酢酸エチルエステルが典型的なものである。このように二分子の間から水を除くこと（脱水反応）によって結合する反応を脱水縮合反応という。エステルは一般に香りが良く，果実に多く含まれて果実の芳香の一因になっている。

ケトン・カルボン酸の種類

	構造	名称	特徴
ケトン	CH_3, CH_2 >C=O	アセトン	溶剤
カルボン酸	H−C(=O)−O−H	ギ酸	もっとも簡単な構造のカルボン酸
	CH_3−C(=O)−O−H	酢酸	酢の成分
	CH_2−C(=O)OH ｜ HO − C − C(=O)OH ｜ CH_2−C(=O)OH	クエン酸	果実の酸味成分。 レモンの重量の7%はクエン酸
	R−C(NH_2)(H)−C(=O)OH	アミノ酸	タンパク質の成分

カルボン酸の酸性

$$R-C(=O)-O-H \rightleftarrows R-C(=O)-O^- + H^+$$

カルボン酸　(Rは適当なアルキル基)　　カルボン酸陰イオン

ケトン・カルボン酸の種類

$$CH_3-CH_2-OH \longrightarrow CH_3-C(=O)-H \longrightarrow CH_3-C(=O)-O-H$$

エタノール　　アセトアルデヒド　　酢酸

アルコール ⇄(酸化／還元) アルデヒド ⇄(酸化／還元) カルボン酸

$$CH_3-C(=O)-O-H \quad H-O-C(=O)-CH_3 \xrightarrow{-H_2O} CH_2-C(=O)-O-C(=O)-CH_3$$

酢酸　　無水酢酸

$$CH_3-C(=O)-\boxed{O-H\ H}-O-CH_2CH_3 \xrightarrow{-H_2O} CH_3-C(=O)-O-CH_2CH_3$$

酢酸　エタノール　　酢酸エチルエステル

第6節　窒素を含む化合物

窒素は有機化合物に重要な性質を与える元素である。特にアミノ酸の成分として大きな影響力を持っている。

アミン

アミノ基（$-NH_2$）を持った化合物を一般にアミンという。アミンはプロトン H^+ を受け取る性質があるので，有機物の中では数少ない塩基性物質（塩基）である（第8章参照）。アルコールとカルボン酸が脱水縮合するとエステルを与えるのと同様に，アミンとカルボン酸が脱水縮合したものをアミドという。

一般に1分子中にカルボキシル基とアミノ基を持つ化合物をアミノ酸という。アミノ酸はタンパク質を構成する要素である。

ニトロ化合物

ニトロ基を持つ化合物をニトロ化合物という。ニトロ化合物には爆発性のものがある。トリニトロトルエン（TNT）は1分子中に3個のニトロ基を持つ化合物であり，爆発性が強く，爆薬の典型である。また，油脂の成分であるグリセリンを硝酸と反応することによって得られるニトログリセリンは爆発力が強く，ダイナマイトの原料であるが，同時に狭心症の特効薬でもある[7)]。

ニトリル化合物

ニトリル基を持った化合物をニトリル化合物という。ニトリル化合物には猛毒のものが多いが，代表的なものは青酸（HCN）であろう。青酸カリウム，青酸ナトリウムも猛毒である。しかし，これらはメッキ工業には欠かせない薬品である[8)]。

硫黄，リンを含む化合物

リン（P）を含む化合物は生体で重要な働きをしていることが多い。遺伝を司るDNAやRNAの核酸にはリンが含まれている。また，生体のエネルギー授受に大きな働きをするATPなどでもリンが大きな役割を演じている。

硫黄（S）は酸素と同じ6族元素なので，酸素と類似の化合物を作る。$-SH$ 原子団を含む化合物をメルカプタンといい，特有の悪臭を持つものが多い。

アミン

$$R-NH_2 + H^+ \longrightarrow R-NH_3^+$$

アミン（塩基）

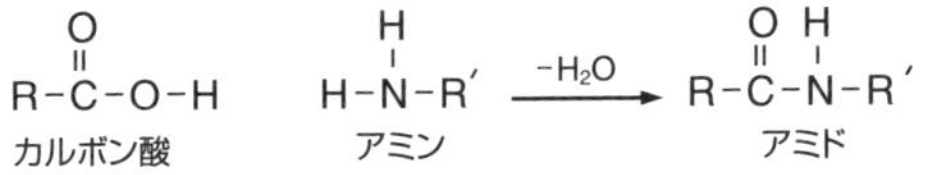

$$R-C(=O)-O-H \quad + \quad H-N(H)-R' \xrightarrow{-H_2O} R-C(=O)-N(H)-R'$$

カルボン酸　アミン　アミド

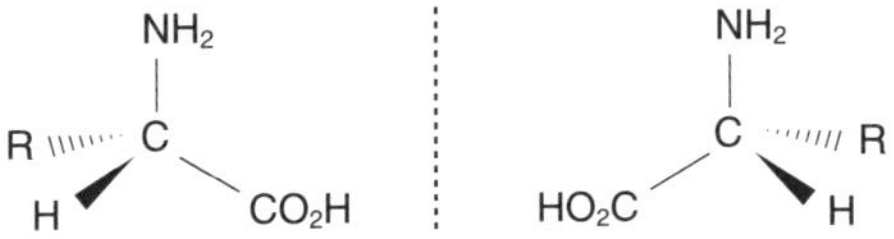

ニトロ・ニトリル

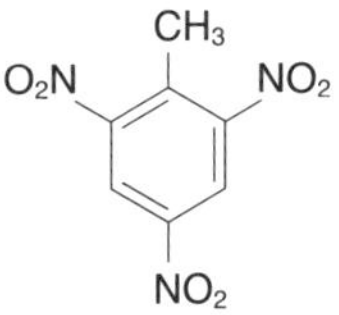

トリニトロトルエン（TNT）

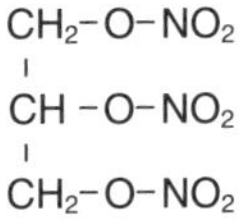

CH_2-O-NO_2

$CH-O-NO_2$

CH_2-O-NO_2

ニトログリセリン

HCN	KCN	NaCN
青酸	青酸カリウム	青酸ナトリウム

リン・硫黄

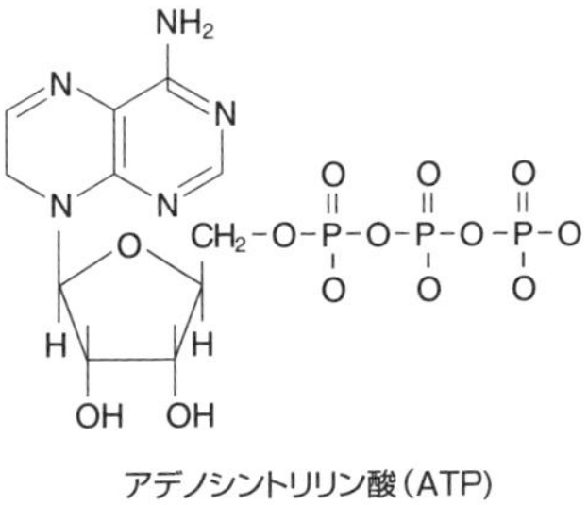

アデノシントリリン酸（ATP）

CH_3-SH

メチルメルカプタン

第７節　芳香族化合物

ベンゼンやナフタレンの誘導体を芳香族という[9)]。

芳香族の構造

環状の化合物で，環内に（$2n+1$）本の二重結合を持つ化合物を芳香族という。ベンゼンは３本（$n=1$），ナフタレンは５本（$n=2$）なので芳香族である。ピリジンは環構成原子に窒素を含んでいるがベンゼンと同様に芳香族である。ベンゼンにメチル基が１個つくとトルエン，２個つくとキシレンとなる。キシレンの場合，メチル基の相対関係によってオルト体，メタ体，パラ体がある。これらは分子式（C_7H_8）が同じで構造式が異なるので異性体である。

芳香族の反応

芳香族の代表的な反応を見てみよう。

A　スルホン化，ニトロ化

ベンゼンに硫酸を作用させるとスルホン化が起こり，ベンゼンスルホン酸を生じる。また，ベンゼンに硫酸と硝酸の混合物を作用させるとニトロ化が起こり，ニトロベンゼンを生じる。

B　フェノール合成，アニリン合成

ベンゼンスルホン酸と水酸化ナトリウム（NaOH）の混合物を加熱して融解（溶融）すると，フェノールのナトリウム塩が生成する。このものを水で分解するとフェノールが生成する。また，ニトロベンゼンを塩酸（HCl）とスズ（Sn）で還元するとアニリンが生成する。

C　安息香酸

トルエンを酸化すると安息香酸を生成する。

D　塩化ベンゼンジアゾニウム

アニリンに塩酸を作用させたアニリン塩酸塩に亜硝酸ナトリウム（$NaNO_2$）を作用させると塩化ベンゼンジアゾニウムを生成する。

E　アゾ染料

塩化ベンゼンジアゾニウムにフェノール，アニリン等を作用させるとカップリング反応を起こして，それぞれ付加体を生成する。この付加体は特有の色彩を持ち，染料として利用されるのでアゾ染料と呼ばれる。

芳香族

ベンゼン　ナフタリン　ピリジン

CH_3　トルエン　オルト-キシレン　メタ-キシレン　パラ-キシレン

芳香族の反応

ベンゼン $+ H_2SO_4$（硫酸）→（スルホン化）→ SO_3H ベンゼンスルホン酸

ベンゼン $+ HNO_3$（硝酸）→（H_2SO_4（触媒）、ニトロ化）→ NO_2 ニトロベンゼン

SO_3H →（NaOH、溶融）→ ONa →（H_2O、フェノールナトリウム塩）→ OH フェノール

NO_2 →（HCl, Sn、還元）→ NH_2 アニリン

アゾ染料

NH_2 →（HCl）→ $\overset{+}{N}H_3\overset{-}{Cl}$ アニリン塩酸塩 →（$NaNO_2$）→ $\overset{+}{N} \equiv NCl^-$ 塩化ベンゼンジアゾニウム

CH_3 →（酸化）→ CO_2H 安息香酸

N_2Cl → $N = N$ ― X

X　X=OH, NH_2

注

1)　カラム4の構造式において，二重結合は二重線，三重結合は三重線で表す。炭素，水素以外の原子は元素記号で表す。

2)　化学の3D図は，遠方を見る目つきで両方の図を重ねて見る（平行法）で示されている。鼻先を見る目つきで見る（交叉法）と遠近が逆になるので注意すること。

3)　置換基のうち，炭素と水素が一重結合だけで結合してできた物をアルキル基，それ以外の物を官能基という。

4)　一般のエタノールは，不純物として7％ほどの水分を含む。この水分を除いたエタノールを無水アルコールと呼び，医療用等に用いる。

5)　ホルムアルデヒドはフェノール樹脂，ウレア樹脂，メラミン樹脂など，加熱しても軟化しないプラスチック（熱硬化性樹脂）の原料である。ホルムアルデヒドは完全に反応すれば全く異なる物質（樹脂）になるので毒性は無くなるが，ごく一部が未反応のまま残ると，それが樹脂から揮発して毒性を発揮することになる。

6)　一般に分解して水素イオン H^+ を発生する物を酸と呼び，水酸化物イオン OH^- を発生する物を塩基と呼ぶ。酸と塩基の反応を中和と呼び，中和によって生じる水 H_2O 以外の生成物を塩（えん）と呼ぶ。

　　酸　HA：　$HA \rightarrow H^+ + A^-$
　　塩基 BOH：　$BOH \rightarrow B^+ + OH^-$
　　塩　AB：　$HA + BOH \rightarrow H_2O + AB$

7)　ニトログリセリンは体内で分解されて酸化窒素NOとなるが，酸化窒素は血管を拡張する働きがあるので狭心症の発作を軽減する。

8)　青酸水溶液は金などの貴金属を溶かす作用がある。金鉱山から採れる金鉱石に含まれる金の量は些細であり，これを採取するのは大変な作業である。しかしこの鉱物を青酸水溶液に入れると金だけが溶け出す。その後で残った固体（岩石）を除けば金の水溶液が入手できる。これを化学処理すれば金が簡単に手に入る。このため，日本だけで年に3万トンもの青酸ナトリウムNaCNを生産しているという。

9)　芳香とは「良い香り」という意味であるが，芳香族に良い香りがあるとは限らない。ピリジンは悪臭を持つ化合物の最右翼である。

演習問題

問1　炭化水素 C_3H_6 の異性体の構造式を全て書け。

問2　1モルのベンゼンは何グラムか。

問3　炭化水素で一重結合だけでできた物を一般に何と呼ぶか。

問4　アルキル基の名前と構造式を2つあげよ。

問5　次の置換基の構造式を書け。ヒドロキシ基，カルボニル基，カルボキシル基，アミノ基，ニトロ基。

問6　二分子のエタノールから一分子の水が取れたら何になるか。

問7　カルボン酸とアルコールの間の脱水反応で生じる物はなにか。

問8　アルコールを酸化して生じる化合物2種の一般名を言え。

問9　3種のキシレンの構造式を書け。

問10　トルエンを酸化したら何になるか。

メタンハイドレート

新しい化石燃料がいろいろと発見されている。シェール（頁岩（けつがん））と言われる堆積岩の間にしみ込んだ石油のシェールオイル，同じ岩にしみ込んだシェールガス，石炭にしみ込んだコールベッドメタンなどである。

メタンハイドレートは大陸棚の海底数百メートルから1000メートルくらいの所に存在する白いシャーベット状の固体で，火をつけると青白い炎を上げて燃える。

これは，水とメタンからできた不思議な化合物で，つまり15個ほどの水分子が水素結合で結合してサッカーボールのような丸い籠を作り，その籠に1個のメタン分子が入っているが，もちろん，燃えるのはメタンで，水は燃えずに水蒸気になる。もしメタンハイドレートをストーブに入れて家庭でもやしたら，ものすごい量の水蒸気が発生し，結露で家中が水浸しになる。したがって，海底から採取する時に水分子の籠を壊し，メタンだけを採取する。

メタンハイドレートは日本近海にも大量に存在する。日本の天然ガス使用量の100年分くらいの量はあるといわれ，渥美半島沖で行っていた試験採掘もうまくいったようである。そのうち，メタンハイドレートから得た天然ガスが家庭にやってくるかもしれない。

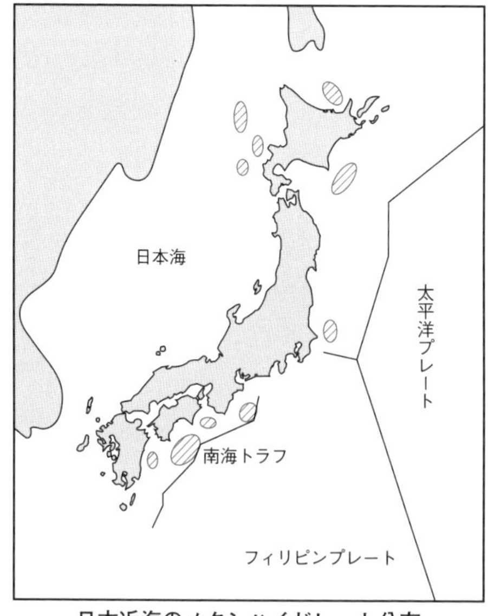

日本近海のメタンハイドレート分布

第5章
高分子化合物

プラスチックや合成繊維を高分子という。高分子は天然物にもたくさんあり，タンパク質やデンプン，さらに，それらからできた天然繊維も高分子である[1)]。いまや私たちの生活は高分子なしでは成り立たないほどになっている。

第1節　ポリエチレン

台所で使うポリエチレンフィルム，断熱材に使われる発泡ポリスチレン，各種シートに使われるポリ塩化ビニールなどはみな同じような構造の高分子である。

高分子化合物

高分子は，数万，数百万に至る非常に大きい分子量を持った，非常に長い分子である。しかし多くの場合，高分子の構造は単純である。それは高分子が，簡単な構造の単位小分子が多数個結合したものであるからである。この様子は鎖に例えるとわかりやすい。どのように長い鎖も，その構造は小さな輪をつないだものである。鎖全体が高分子であり，ひとつひとつの輪が単位小分子に相当する。

ポリエチレン

ポリエチレンは典型的な高分子である。ポリエチレンの“ポリ”[2)] は“たくさん”の意味のギリシア語であり，ポリエチレンは“エチレンがたくさん結合したもの”という意味である。エチレンでは2個の炭素が2本ずつの手で握手し，二重結合で結ばれている。片方の握手を解くと，各炭素には1本ずつの手が余る。このような分子が互いに握手をすると非常に長い握手の連続ができ，長い分子ができる。これがポリエチレンである。したがってポリエチレンは大きなアルカンである。

このように，多くの分子が結合する反応を重合という。

重合高分子化合物

エチレンの水素のひとつを他の原子団に置き換えて重合しても高分子になる。塩化ビニルが重合するとポリ塩化ビニル（塩ビ）になり，スチレンが重合するとポリスチレンになる。加熱溶融状態のポリスチレンに発泡剤を加えて泡立たせ，その状態で固化させたものが発泡ポリスチレンである。

高分子化合物

ポリエチレン

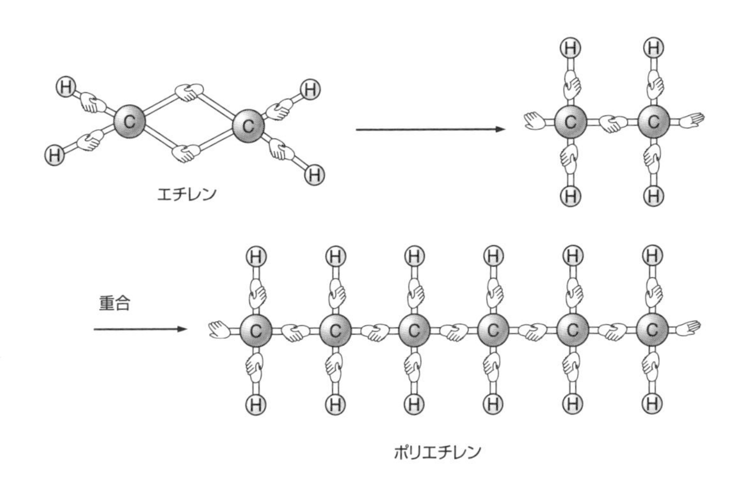

重合高分子

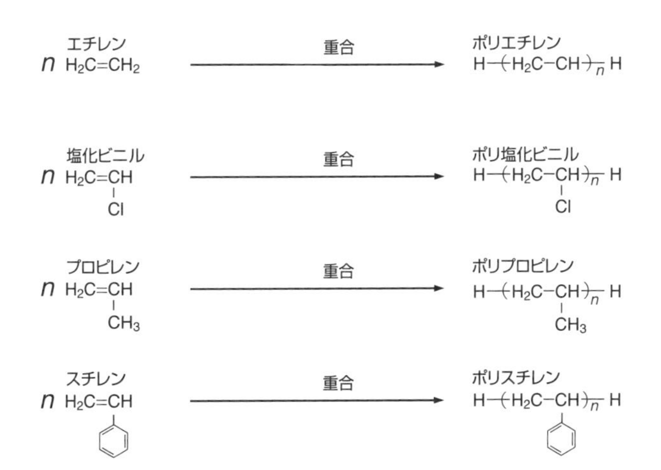

第2節　PET，ナイロン

単位小分子を結合する手段は重合だけではない。カルボン酸とアルコールが脱水縮合してエステルになる反応も高分子合成に応用することができる。

ＰＥＴ

ペットボトルは身の回りに溢れている。ペットボトルのペットはネコやハムスターなどのペットの意味ではない。ペットボトルのペットは PET で polyethyleneterephthalate（ポリエチレンテレフタレート）の略である。

この高分子はエチレングリコールというアルコールと，テレフタル酸というカルボン酸の 2 種類の単位分子からできている。この単位分子がひとつおきにエステル結合して長い鎖になったものなのである。このように，単位分子がエステル結合で繋がった高分子を一般にポリエステルという。

ナイロン

1936 年アメリカ・デュポン社によって「クモの糸より細く，鋼鉄より強い」という名キャッチ・フレーズと共に売り出されたナイロンはたちまちのうちに靴下，ロープ，漁網などとして世界を席巻した。

ナイロンは単位分子をアミド結合で結合したものである。すなわちアジピン酸というカルボン酸とヘキサメチレンジアミンというアミンを脱水縮合したのである。このように，アミド結合でできた高分子を一般にポリアミドという。

合成繊維

PET はペットボトルのように板状にしてビン（ボトル）にすることもできるし，テトロンの商品名で繊維にすることもできる。ペットボトルのペットは暖めると柔らかくなってグニャグニャになる。しかし，テトロンの Y シャツにはアイロンを掛けることができる。同じ PET なのになぜ違うのだろうか？

それは高分子の結晶性の違いによる。高分子は長い分子であり，何本もの毛糸の集団と考えることができる。毛糸がゴチャゴチャに混じっている状態が PET ボトルである。それに対して毛糸が整然と並んで結晶のような状態になっているのが繊維である。繊維にするためには融かした PET を細いノズルから押し出し，それをさらに延伸することによって分子の方向を揃えてやる。

PET

$$\bigcirc - \overset{O}{\overset{\|}{C}} - O - H + H - O - \square \xrightarrow{-H_2O} \bigcirc - \overset{O}{\overset{\|}{C}} - O - \square$$

カルボン酸　アルコール　エステル

$$HO - \overset{O}{\overset{\|}{C}} - C_6H_4 - \overset{O}{\overset{\|}{C}} - OH + H - O - CH_2CH_2 - O - H$$

テレフタル酸　エチレングリコール

$$\xrightarrow{-H_2O} HO - \overset{O}{\overset{\|}{C}} - C_6H_4 - \overset{O}{\overset{\|}{C}} - O - CH_2CH_2 - O - H + HO - \overset{O}{\overset{\|}{C}} - C_6H_4 - \overset{O}{\overset{\|}{C}} - OH$$

$$\xrightarrow{-H_2O} HO - \overset{O}{\overset{\|}{C}} - C_6H_4 - \overset{O}{\overset{\|}{C}} - O - CH_2CH_2 - O - \overset{O}{\overset{\|}{C}} - C_6H_4 - \overset{O}{\overset{\|}{C}} - OH + HOCH_2CH_2OH$$

$$\xrightarrow{-H_2O} \left(\overset{O}{\overset{\|}{C}} - C_6H_4 - \overset{O}{\overset{\|}{C}} - O - CH_2 - CH_2 - O \right)_n$$

ポリエチレンテレフタレート

ナイロン

$$\bigcirc - \overset{O}{\overset{\|}{C}} - OH + H - \overset{H}{N} - \square \xrightarrow{-H_2O} \bigcirc - \overset{O}{\overset{\|}{C}} - \overset{H}{N} - \square$$

カルボン酸　アミン　アミド

$$HO - \overset{O}{\overset{\|}{C}} \left(CH_2 \right)_4 \overset{O}{\overset{\|}{C}} - OH + H - \overset{H}{N} \left(CH_2 \right)_6 \overset{H}{N} - H$$

アジピン酸　ヘキサメチレンジアミン

$$\xrightarrow{-H_2O} HO - \overset{O}{\overset{\|}{C}} \left(CH_2 \right)_4 \overset{O}{\overset{\|}{C}} - \overset{H}{N} \left(CH_2 \right)_6 \overset{H}{N} - H$$

繊　維

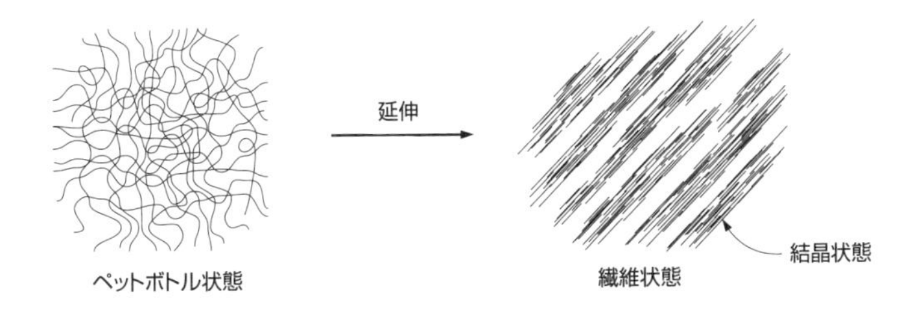

第3節　熱硬化性樹脂[3)]

ペットボトルは暖めると柔らかくなり，冷やすと固くなる。このように暖めると柔らかくなるプラスチック（樹脂）を熱可塑性樹脂という。それに対して，鍋の取っ手や，電気のコンセントの樹脂は高温に加熱しても柔らかくならず，最後は木材のように焦げてしまう。このような樹脂を熱硬化性樹脂という。

フェノール樹脂

フェノール樹脂はベークライトとも呼ばれ，古くから用いられている熱硬化性樹脂である。フェノール樹脂の原料はフェノールとホルムルデヒドである。

A　ノボラック樹脂

フェノール **1** とホルムアルデヒド **2** を反応させると生成物 **3** となる。**3** は **1** と **2** を原料としてできた物であるが，**1**，**2** と **3** はまったく違う分子である。したがって，この時点でホルムアルデヒドは存在しないことになる。次に **3** と二分子のホルムアルデヒド **2** が反応すると **4** になり，**4** に **1** が反応すると **5** になる。**5** は2個のフェノール分子が CH_2 ユニットで連結された構造である。この CH_2 ユニットはホルムアルデヒド2からできたものである。

このようにしてフェノール分子4，5個が結合したものをノボラック樹脂という。ノボラック樹脂は粘っこい液体である。

B　フェノール樹脂

ノボラック樹脂を硬化剤と共に形に入れ，加熱すると反応が進み，固い熱硬化性樹脂になる。加熱することによって容易に硬化するので熱硬化性樹脂というのである。フェノール樹脂の特徴は高分子が一次元の鎖状でなく，三次元に渡って立体的に結合していることである。このような三次元立体構造のおかげでそれ以上熱しても柔らかくならないのである[4)]。

シックハウス症候群

第4章で見たように，ホルムアルデヒドはホルマリンの原料であり，毒性の強い物質である。熱硬化性樹脂には，ホルムアルデヒドが原料として用いられている。しかし，製品にはホルムアルデヒドはまったく含まれていない。

問題は未反応のまま製品中に不純物として残ったホルムアルデヒドである。これが製品から室内に染み出してシックハウス症候群の原因になるのである。

熱可塑性樹脂と熱硬化性樹脂

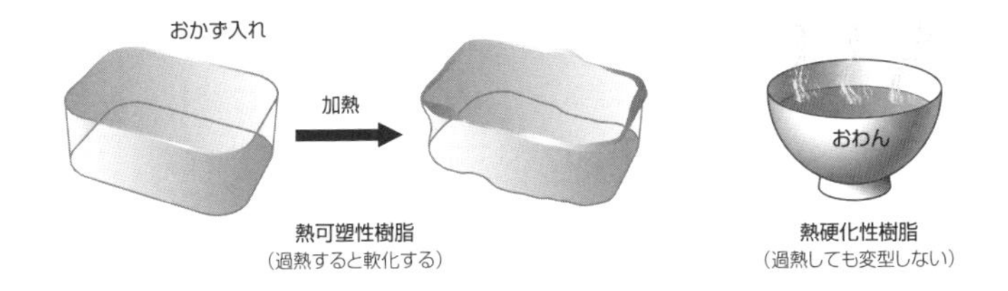

フェノール樹脂

1 + 2（$CH_2=O$）⟶ 3（o-CH_2OH フェノール）$\xrightarrow{2}$ 4（$HOCH_2$, CH_2OH, CH_2OH 置換フェノール）

4 + 1 $\xrightarrow{-H_2O}$ 5

$\xrightarrow{\text{くり返し}}$ ノボラック樹脂

ノボラック樹脂 $\xrightarrow[\text{加熱}]{\text{硬化剤}}$ （CH_2 で架橋した網目構造）

シックハウス症候群

第４節　機能性高分子

プラスチックには特別の機能を持ち，特別の働きをするものがある。このような高分子を機能性高分子と呼ぶ。

ゴ　ム

ゴムの単位分子はイソプレンである。ゴムの特徴は伸び縮みすることである。ゴムのこのような性質はゴム分子の形に原因がある。ゴム分子は毛糸玉のように丸まっている。それが引っ張られると毛糸玉が解けるように伸びるのである[5)]。力がなくなるとまた丸まってしまう。そのため，元の長さに縮むのである。

有機ガラス

プラスチックの中にはガラスより透明度の高いものがある[6)]。このようなものは有機ガラスと呼ばれることもある。2つのプラスチックの塊を互いに接しさせ，その間に適当な溶媒を流し込むと両方の接着面が解けて溶接する。これは小さな透明プラスチックを工事現場で溶接して巨大な透明板にすることができることを意味する。しかも，ガラスに比べて格段に軽い。

水族館に現在のような巨大水槽ができたのは有機ガラスのおかげである。

導電性高分子

銀行の現金自動支払機（ATM）は透明な画面に指を触れるとそれがスイッチになり，次々と情報が入力されてゆく。これは透明プラスチックが電気を通すからである。このような高分子を導電性高分子という。導電性高分子はアセチレンを高分子化したものに，少量のヨウ素などを加えて（ドーピング）[7)] 作る。

高吸水性高分子

紙おむつなどに用いられるのが高吸水性高分子である。高吸水性高分子は自重の1000倍もの重量の水を吸うことができる。この高分子は三次元のカゴ状構造をしており，水を吸うとこのカゴが広がり，さらに多くの水を吸うという，巧みな構造になっている。高吸水性高分子を砂漠に埋め，水を吸わせた上で植林をし，給水の回数を減らしても植物が生長するようにすることもできる。

ゴム

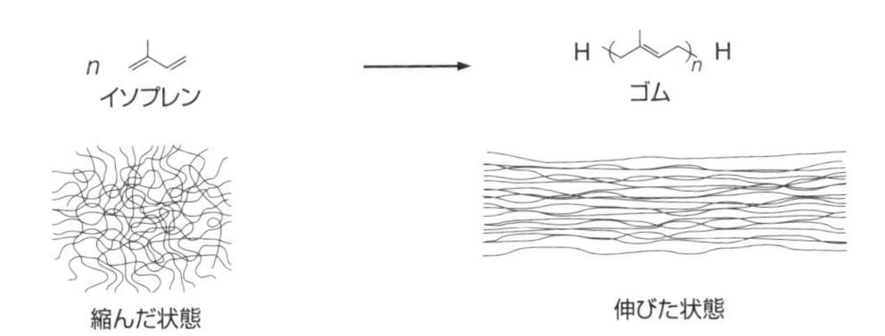

有機ガラス

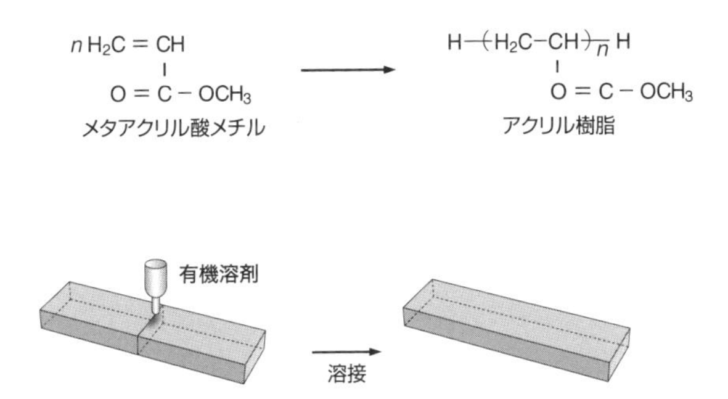

導電性高分子，高吸水性高分子

nH−C≡C−H
アセチレン

→

H−(CH=CH)$_n$ H
ポリアセチレン

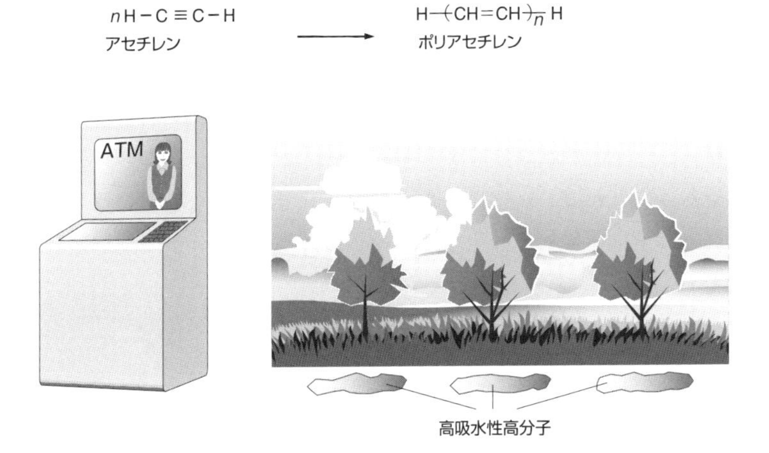

第5節　天然高分子化合物

天然には非常に多くの高分子が存在している。私たち人間を含めて動物も植物も，生物は高分子の塊といったほうが正しいかもしれない。

デンプン，セルロース

穀物はデンプンの塊であり，木材はセルロースの塊である。デンプンもセルロースも高分子である。単位分子はどちらもグルコース（ブドウ糖）である。

デンプンとセルロースではグルコースの結合の仕方が異なる。このため，ヒトはデンプンを分解できるがセルロースは分解できない。しかし，草食動物はセルロースを分解できるので，草を食物とすることができる。

デンプンにはグルコースが一直線に繋がり，ラセン形をしたアミロースと，枝分かれをしたアミロペクチンがある。もち米はアミロペクチンだけからできているが，普通の米には20%ほどのアミロースが含まれている。

タンパク質

タンパク質はアミノ酸が脱水縮合して連なったものである。アミノ酸の構造は無限大ありうるが，タンパク質を構成するアミノ酸はわずか20種に過ぎない。しかし，その20種類のアミノ酸のうち，どれとどれが，どのような順序で並ぶかによって無限に多くの配列がありうる[8)]。

ＤＮＡ

DNAは細胞の核の中にある染色体の中にある長い分子である。細胞分裂に際して遺伝情報を運搬するものであり，生命の神秘の担い手のような分子である。しかし，このDNAもまた高分子なのである。

DNAを構成する単位分子はわずか4種類しかない。記号でいえばA，T，G，Cであり，この4種の単位分子がどう並ぶかによって遺伝情報が書き込まれているのである。いわば4文字のアルファベットである。2進法のコンピューターはどのような情報をも操作することができる。2倍の4文字のアルファベットを持つDNAも，どのような遺伝形質にも対応できるのである。

DNAは細胞分裂に伴なって自分自身も分裂し，再生するが，それについては第12章で詳しく見ることにしよう。

デンプン・セルロース

デンプン

CH_2OH

グルコース

n

セルロース

CH_2OH

グルコース

n

1個のグルコース

アミロース

アミロペクチン

タンパク質

$$H_2N-\underset{H}{\overset{R_1}{C}}-C(=O)-OH \;+\; H-N(H)-\underset{H}{\overset{R_2}{C}}-C(=O)OH \xrightarrow{-H_2O} H_2N-\underset{H}{\overset{R_1}{C}}-\overset{O}{C}-\overset{H}{N}-\underset{H}{\overset{R_2}{C}}-C(=O)OH$$

アミノ酸2分子

多数のアミノ酸が結合する

$$H_2N-\underset{H}{\overset{R_1}{C}}-\overset{O}{C}-\overset{H}{N}-\underset{H}{\overset{R_2}{C}}-\overset{O}{C}-\overset{H}{N}-\underset{H}{\overset{R_3}{C}}-\overset{O}{C}-\overset{H}{N}-\underset{H}{\overset{R_4}{C}}-\overset{O}{C}\cdots\cdots\overset{H}{N}-\underset{H}{\overset{R_{n-1}}{C}}-\overset{O}{C}-\overset{H}{N}-\underset{H}{\overset{R_n}{C}}-C(=O)OH$$

DNA

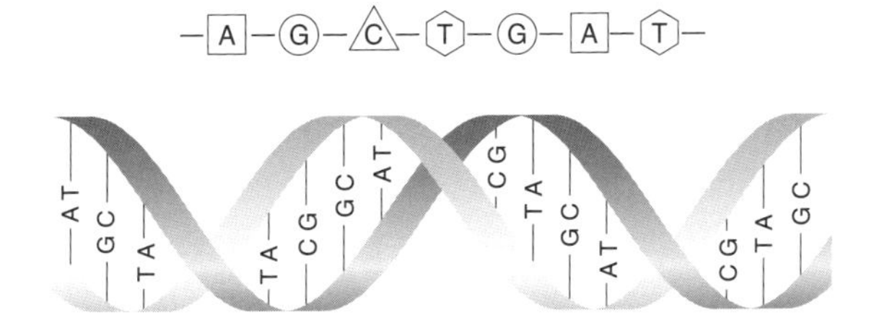

注

1)　天然にある高分子を天然高分子，人工的に作った高分子を合成高分子と言うこともある。

2)　「ポリ」はギリシア語の数詞である。

3)　一般に高分子は「樹脂」と呼ばれることがある。「プラスチック」は合成樹脂とも呼ばれる合成高分子の一種である。

4)　熱硬化性樹脂にはフェノール樹脂の他，尿素（ウレア）とホルムアルデヒドから作る尿素（ウレア）樹脂，メラミンとホルムアルデヒドから作るメラミン樹脂などがある。

5)　ゴムの木から採取した樹液を固めただけの天然ゴムはこの状態である。したがって伸ばすと糸が離れてちぎれてしまい，元に戻る（縮む）ことはない。これがガムである。ところが天然ゴムに硫黄Sを混ぜる（加硫）と，硫黄が糸の間に橋掛け（架橋）構造を作って，糸が互いに離れないようにする。これがゴムであり，引っ張る力を除くと元に戻ることになる。

6)　有機ガラスの透明度はガラスより高いが，屈折率はガラスより低い。そのため，有機ガラスの近眼用眼鏡はガラス製の物より厚くなる。またプラスチックは軟らかいので，傷がつかないように表面にコーティング剤を塗布し，コーティング剤とプラスチックの熱膨張率が異なるので，暖めるとコーティング剤が剥がれたり，皺になったりすることがある。

7)　ある物質に不純物（ドーパント）を加えることをドーピングという。

8)　タンパク質の長い糸状分子は，特定の形に折り畳まれる。この折り畳んだ構造を立体構造と言い，タンパク質の果たす酵素機能などに決定的に重要な役割を果たす（第12章参照）。2000年頃に社会問題となった狂牛病は牛のプリオンタンパク質の立体構造が突然変異したことによって起こったものであった。

演習問題

問１　ポリエチレン，ポリスチレン，ポリ塩化ビニルの中で，ベンゼン骨格を持っているのはどれか。

問２　ペットとナイロンの原料を答えよ。

問３　熱可塑性樹脂と熱硬化性樹脂の違いは何か。

問４　合成繊維とは何か。

問５　シックハウス症候群の原因物質は何か。

問６　有機ガラスとは何か。

問７　高吸水性高分子とは何か。

問８　天然高分子の例をあげよ。

問９　伝導性高分子とは何か。

問10　高分子とは何か。

水族館

巨大水族館は見る人を圧倒する。大きなビルほどもある水槽に10mもあるジンベーザメやマンタが泳ぐ姿は見飽きることがない。

このように大きな水槽のガラスはどうやって作ったのだろうか？

最近の水族館の透明板は多くの場合ガラスではなく，高分子である。メタアクリル酸樹脂など，一般にアクリルといわれる透明樹脂である。アクリルの透明度はガラスの比ではない。汎用ガラスには鉄分などが含まれ，そのため厚くなると緑色になり，透明度も悪くなり，また重い。巨大水族館をガラスで作ろうと思ったら，構造物はとんでもない荷重に耐えるものにしなければならない。

アクリルは透明で軽い。そのうえ，工作が容易である。水族館の透明板は工場であの大きさに作ったものではない。工場を出るときには数m角の小さい板である。厚さも薄い。これを工事現場で溶接して巨大な一枚板にするのである。アクリルの溶接は簡単である。板を合わせておいて，隙間に溶剤，あるいはアクリル溶液を流し込むのである。溶液は表面張力で隙間に入り，アクリル板を溶かして溶接する。鉄板の溶接と同じ原理である。

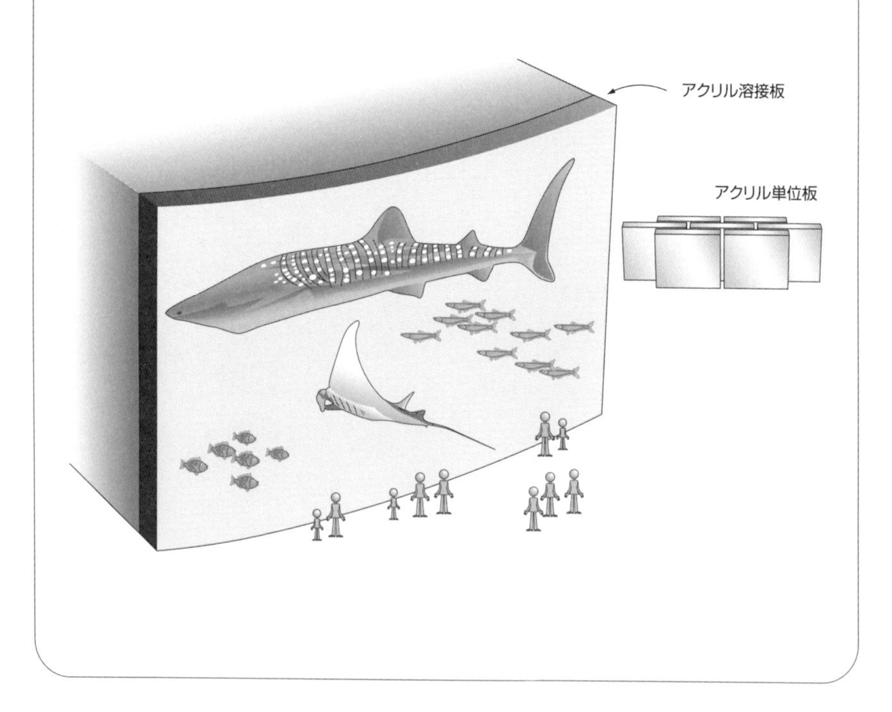

第Ⅲ部

物質の性質

第 6 章
物質の状態

水は水分子からできている。それでは水の性質は水分子の性質を調べれば，すべてわかるのだろうか？一口に水といってもいろいろの水がある。液体の水がある。水蒸気も水であるし，氷も水である。水の分子を調べても，液体の水，気体の水（水蒸気），固体の水（氷）の性質の違いはわからない。

第1節　物質の三態

固体，液体，気体，それぞれを物質の状態といい，3つの状態を合わせて物質の三態という。すべての物質は冷却すれば固体となり，暖めると液体となり，さらに暖めると気体となる[1)]。

物質の状態

同じ分子ならば，固体，液体，気体で分子構造は基本的に変わらない。変わるのは分子運動の激しさと，分子間の相互作用である。

分子は並進運動によって重心の位置を移動し，原子間の距離（結合距離）は伸び縮みの伸縮運動を行い，結合の周りでは回転運動をしている。このような並進，伸縮，回転運動は温度と共に激しくなる。

結晶では分子は三次元にわたって整然と積み重ねられている。液体では分子は自由に移動する，しかし，分子間の距離は固体の場合とほとんど同じである[2)]。そのため液体状態の水と固体状態の水（氷）では密度はほぼ同じである。一方気体では分子は激しく飛び回る。その速度は室温の水素分子で秒速2 km に達する。

三態の相互変換

液体を加熱すると気体となる。この現象を気化（沸騰）といい，沸騰する温度を沸点という。水の沸点は1気圧で100℃である。高温の気体の温度を下げて沸点にすると，気体は液体となる。この現象を液化という。沸点は気圧によって変化する。気圧が高くなれば沸点も高くなり，気圧が低くなれば沸点も低くなる。高山で炊いたご飯が美味しくないのは気圧が低いため，お湯の温度が100℃に達しないのでお米が十分に煮えていないからである。

ある状態から別の状態に変化することを状態変化という。状態変化の名前と，その温度の名前は図に示した通りである。これらの温度は全て気圧によって変化する。

水の三態

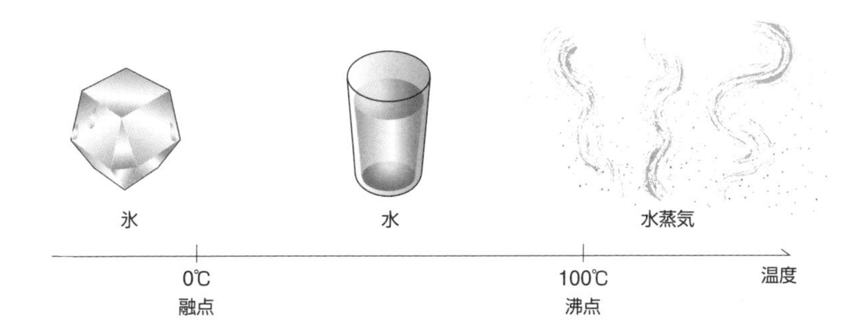

分子運動

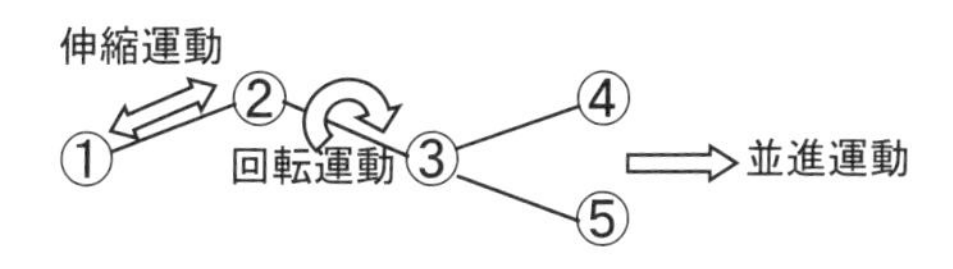

物質の三態

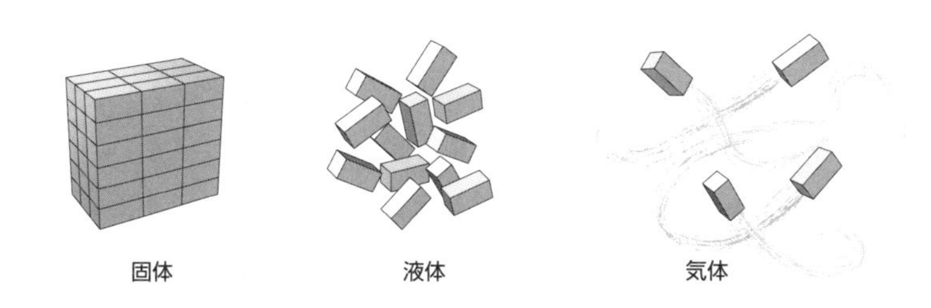

三態変化

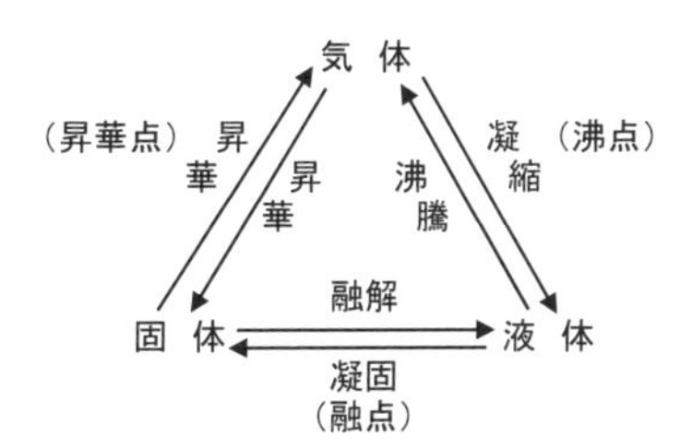

第2節　状態図

1気圧では水は0℃以下では氷であり，100℃以上では水蒸気である。しかし，気圧の低い高山では水は100℃以下で沸騰して水蒸気になる。このように水が液体でいる温度範囲は圧力で異なる。物質がある温度，圧力の下でどのような状態でいるかを表わしたものを状態図という。

領　域

図は水の状態図であり，3本の曲線で3つの領域に仕切られている。各領域は水がどのような状態であるかを表わす。すなわち，領域Ⅰは低温である。圧力，温度がこの領域にあるとき水は固体でいる。領域Ⅱは高温高圧であり，水は液体でいるが，領域Ⅲでは高温定圧となり，水は水蒸気でいる。

線分上

圧力と温度がちょうど曲線上にある時には，水はその直線で仕切られた2つの状態の平衡混合物になる。すなわち，圧力と温度が線分ab上の1気圧100℃である時には，水は領域Ⅱの液体と領域Ⅲの気体でいるのである。液体の水と気体の水蒸気が同時に存在する状態とは沸騰状態である。すなわち，線分abは沸騰状態を示す線である。同様に線分acは固体と液体の間の融点を表わし，線分adは固定と気体の間の昇華を表わす。

上と同様に考えると，点aでは固体と液体と気体が同時に存在することになる。氷水が沸騰しているというのは，日常生活で経験することはないが，0.06気圧，0.01℃では現実に起こるのである。この点を三重点という。

臨界点

線分abは点bで終わっている。点bを臨界点という。臨界点を超えた状態を超臨界（状態）という。超臨界では領域ⅡとⅢを分けるものはなくなる。すなわち，液体と気体の区別がなくなり，沸点もなくなるのである。

超臨界の水は液体としての粘性，溶解性を持ち，同時に気体としての激しい分子運動をしている特殊な水である[3)]。普通の水が溶かさない有機物をも溶かすことができる。このため，臨界状態の水や二酸化炭素は新しい反応溶媒などとして，盛んに使われつつある。

水の状態図

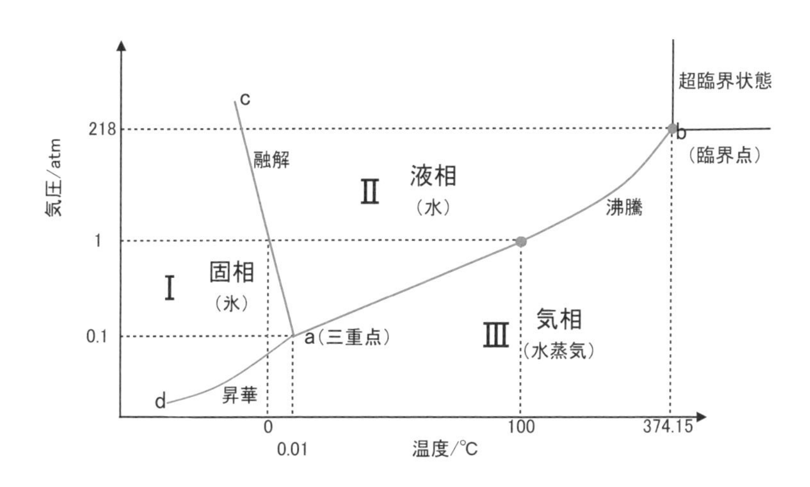

三重点と臨界点

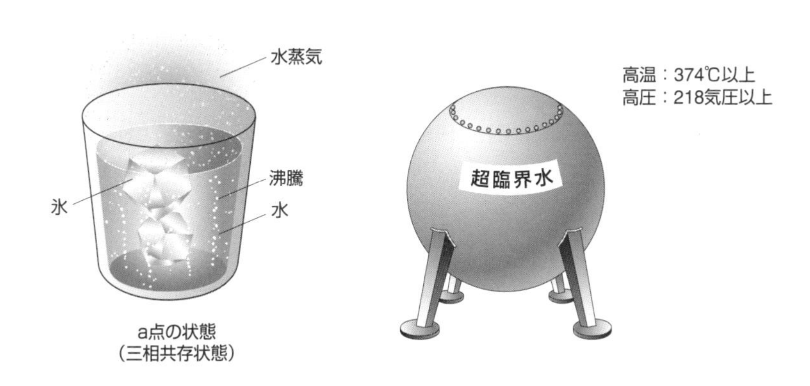

第3節　三態以外の状態

前節で，物質の三態として固体，液体，気体を見た。しかし，物質が取りうる状態はこれだけではない。

液　晶

固体（結晶）と液体を比べてみよう。結晶では分子は三次元にわたって規則正しく積み重ねられ，分子は一定の方向を向いている。これは位置にも，方向にも規則性のある状態である。それに対して液体では分子は勝手な位置を占め，勝手な方向を向いている。これは位置にも方向にも規則性のない状態である。

図に，分子の位置，方向を模式的に示した。結晶と液体の間に2つの状態のありうることがわかる。

①　位置の規則性はないが。方向の規則性はある状態

②　位置の規則性はあるが，方向の規則性はない状態

①，②の状態はそれぞれ液晶，柔軟性結晶と呼ばれる状態である。

液晶状態

液晶となる物質も低温では結晶である。この結晶を加熱すると融点で溶けて流動性のある状態となる。しかし，液体とは違って不透明状態である。さらに，加熱して透明点を越えると透明で流動性のある液体となる[4)]。すなわち，液晶は結晶と液体の温度の中間に表われる状態であり，融点より低温にすれば結晶となり，透明点より高温にすれば液体となる。パソコンや携帯電話の液晶パネルは液晶状態を取ることのできる物質を利用したものである[5)]。

非晶質固体

ガラスは固体であるが結晶ではない。このような状態を非晶質固体（アモルファス）という。水晶はガラスと同じ物質である二酸化ケイ素でできている。しかし，水晶は結晶であり，ガラスは結晶ではない。

水晶を加熱すると溶けて流動性のある液体となる。このものを急に冷却すると原子は運動エネルギーを失ってしまい，流動性がなくなる。しかし，急冷されたため，原子が結晶状態のように整然と積み重なる時間がなかったのである。すなわち，流動性を失った液体，それがガラスであり，非晶質固体である[6)]。

液　晶

状　態		結　晶	柔軟性結晶	液　晶	液　体
規則性	位　置	○	○	×	×
	方　向	○	×	○	×
配列模式図					

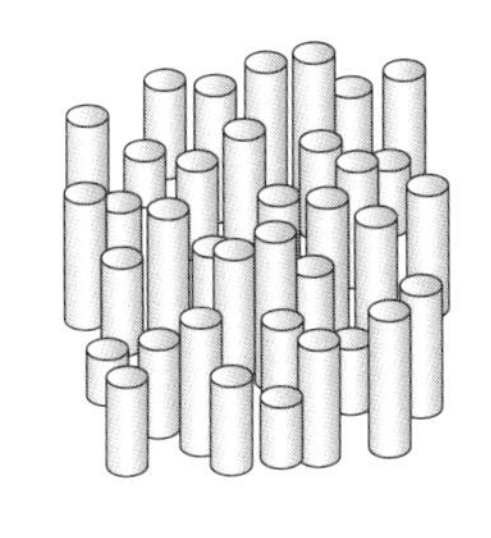
液晶状態

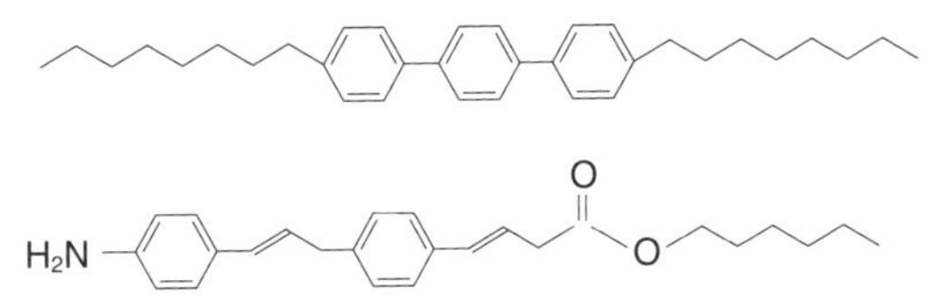

液晶になる分子

液晶と温度

普通の物質　結　晶 ｜ 液　体 → 温　度
融点

液晶になる物質　結　晶 ｜ 液　晶 ｜ 液　体 → 温　度
融点　透明点

非結晶固体

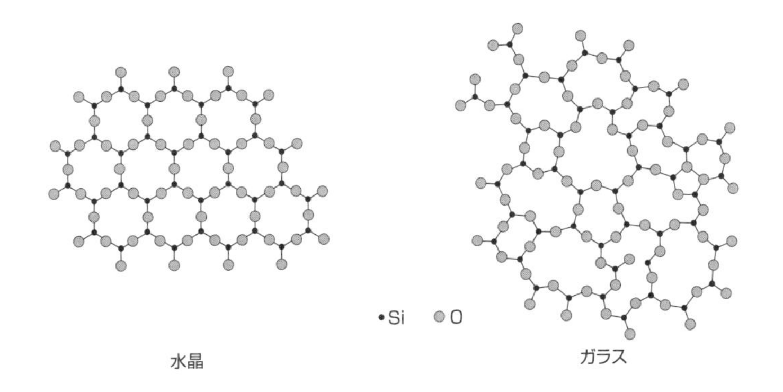

水晶

ガラス

第4節　気体の体積

液体や固体では分子は互いに接している。したがってその体積は分子の体積を反映したものになる。しかし，気体では分子は互いに大きく離れ，高速で飛び回っている。そのため，気体の体積は分子の体積とは異なったものになる[7)]。

モル

1個の原子や分子の重さや体積はあまりに小さい。このように小さいものを扱うときには1個，2個と扱うよりは，ある量をまとめて単位として扱ったほうが分かりやすい。鉛筆を1ダース，2ダースと数えるのと同じである。

化学ではこの単位としてモルを用いる。便利のため1モルの個数の原子が集まった時，その集団の質量が原子量（にgをつけたもの）に等しくなるようにする。このようにして決まった個数をアボガドロ定数，6.02×10^{23}という。

気体体積

気体を構成する分子の大きさには，水素のように小さなものから，有機物の分子のように巨大なものまである。しかし，気体分子が占める体積のほとんどは気体分子が動きまわる空間の体積である。すなわち，気体の体積といわれるものは，気体分子の体積ではなく，気体の住む部屋の体積である。

1モルの気体分子のすむ部屋の体積はどのような分子であれ，すべて等しく，1気圧0℃で22.4Lである。したがって22.4Lの水素は2gであり，酸素は32g，塩素は71gで，それは分子量（にgをつけたもの）に等しい[8)]。

理想気体

気体の性質は複雑である。その原因は気体を構成する分子にある。分子には大きいものも小さいものもあれば，軽いものも重いものもある。そのうえ，分子同士は互いに分子間力で引き合っている。このため，気体の性質を解析しようとすると，どのような分子の気体かによって性質が微妙に異なる。

そこで，分子の種類に関係しない気体の性質を研究するため，理想的な気体つまり理想気体を想定することにする。すなわち，理想気体を構成する分子は体積，分子間力のない質点とするというものである。それに対して実際の気体を実在気体という。

物質の単位

気体の体積と重さ

水素

酸素

塩素

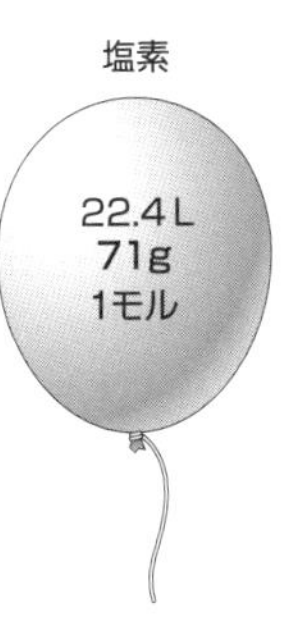

実在気体と理想気体

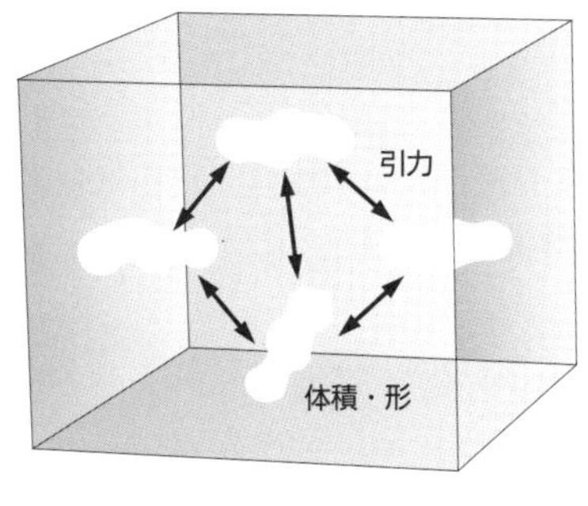

実在気体分子

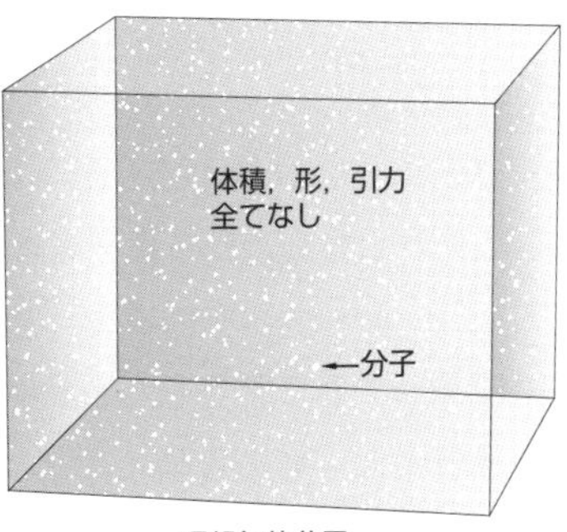

理想気体分子

第5節　気体方程式

しぼんだゴムボールも暖めると元のように膨らむ。しかし，冷えるとまたしぼむ。空気銃は圧縮した空気が元に戻る時の力を利用して弾丸を飛ばす装置である。このように気体の体積は温度や圧力によって変化する。気体の体積と温度，圧力の関係を表わした式を気体方程式という。

理想気体方程式

理想気体の体積と温度，圧力の関係を式で表わすと（式1）になる。この式を理想気体方程式という。T は絶対温度であり，R は比例定数で気体定数である。

A　体積と温度

（式1）を変形すると（式2）になる。この式は圧力 P が一定なら気体の体積 V は絶対温度 T に比例することを表わしている。しぼんだゴムボールを暖めると膨らむのはこのせいである。

B　体積と圧力

（式3）も（式1）を変形したものである。この式は温度が一定なら，気体の体積は圧力に反比例することを示している。空気銃の原理である。

理想方程式と実在気体

（式1）を変形すると（式4）になる。この式は PV/nRT は常に1であることを示している。図はこの関係を，圧力を変化させて検証したものである。理想気体に関しては（式4）が成立していることが分かる。しかし，実在気体に関しては大きく外れていることがわかる。すなわち，理想気体方程式は実在気体には当てはまらないのである。

実在気体方程式

（式5）は，気体方程式が実在気体にも当てはまるように，理想気体方程式を修正したものである。この式を実在気体方程式，あるいは発見者の名前を取ってファン・デル・ワールスの式という。

圧力項に入っている補正項（$\mathrm{a}n^2/V^2$）は分子間力を反映したものである。また，体積項に入っている補正項（$\mathrm{b}n$）は気体分子の分子体積に基づく補正項である。係数a，bは実験によって求めるパラメーターである[9)]。

理想気体方程式

$$PV = nRT \qquad (式\ 1)$$

P: 圧力　V: 体積　T: 絶対温度
n: モル数　R: 気体定数

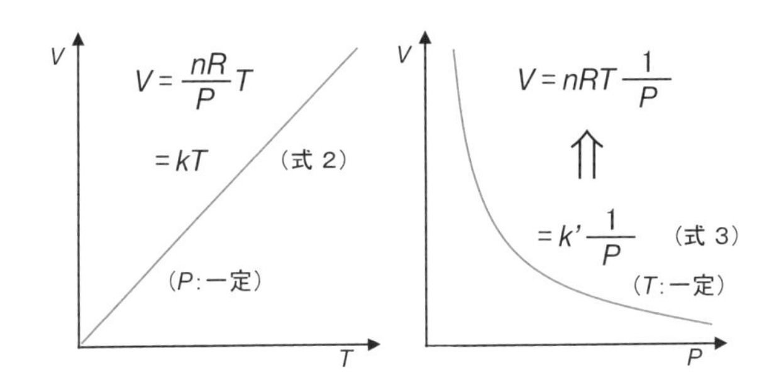

実在気体方程式

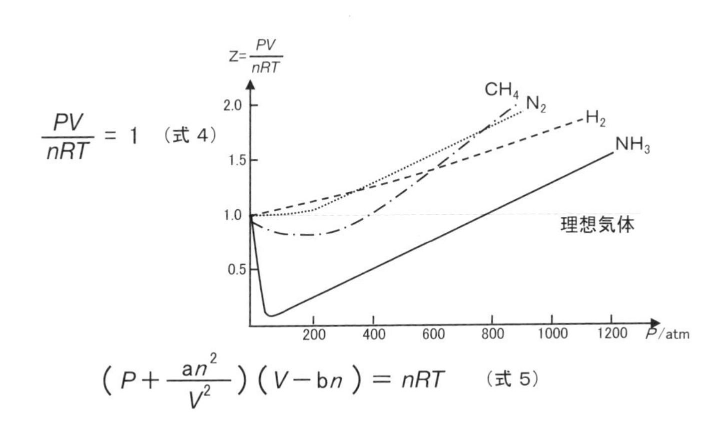

注

1)　物質の中には加熱すると，気体になる前に分解してしまうものもある。

2)　液体の水と固体の氷の密度はほぼ等しい。これは両者において分子間距離がほぼ等しく，体積が変わらないことを意味する。

3)　超臨界水は強い酸化作用を持ち，公害物質で分解が困難な PCB をも分解する。超臨界水や超臨界二酸化炭素を有機化学反応の溶媒に使うと，廃溶媒としての有機物が発生しないので，環境に優しい化学「グリーンケミストリー」の観点から重視されている。

4)　液晶分子を加熱すると液体となるが，さらに加熱すると気体になる前に分解してしまう可能性が大きい。

5)　液晶を利用した携帯電話やスマホを極端に冷却すれば液晶が凍って固体になるので，モニター機能を失う可能性があるが，その温度は製造会社によって異なる。低温で機能を失ったモニターも暖めれば機能を回復する可能性があるが，それも製造会社による。

6)　アモルファスの身近な例はガラスの他にプラスチックもある。反対に金属は水と同じように融点以下でただちに結晶になり，アモルファスになり難い。しかしアモルファス金属は錆びにくい，磁性が出るなど特殊な性質を持つため，アモルファス金属作成の研究が続けられている。

7)　気体の体積に占める分子の体積は無視できるほど小さく，ほとんどは真空の体積とでもいうようなものである。

8)　空気は窒素（分子量 28）と酸素（32）の体積で 4：1 の混合物である。そこで平均をとって 28.8 を空気の分子量とする。分子量が 28.8 より小さい分子の気体を風船に入れればその風船は上に上昇し，28.8 より大きい気体の風船は下に落ちる。

9)　多くの気体の係数 a，b は実際に測定されて化学便覧などの記載されているので，実験の場合にはその値を利用すればよい。

演習問題

問1　物質の三態とはなにか。

問2　昇華とは何か。また昇華する物にはどんな物があるか。

問3　状態図とは何か。

問4　氷に圧力を掛けたら氷はどうなるか。

問5　超臨界水はどのような性質を持つか。

問6　液晶とはなにか。

問7　1気圧0℃で22.4Lの体積を占める二酸化炭素の重さはいくらか。

問8　1モルの気体の体積は気体の種類に関係しないのはなぜか。

問9　非晶質個体の例をあげよ。

問10　気体の絶対温度と圧力を共に2倍にしたら，気体の体積はどうなるか。

液晶表示

液晶の構造と性質は第6章第3節で見た通りである。液晶はパソコンや携帯電話の表示画面や薄型テレビとして欠かせないものである。液晶による画面表示はどのような原理によるものか見てみよう。

ガラスでできた容器に液晶を入れ，その向かい合った2枚のガラスに平行な擦り傷をつけると，液晶は擦り傷に平行に並ぶ。次に，別の向かい合った2枚のガラスを透明電極に換える。この透明電極間を通電 on にすると，液晶分子は方向を変え，通電方向に平行になる。しかし，通電 off にすると，元の擦り傷方向に戻る。この変化は可逆的であり，無限回でも繰り返す。

液晶を入れた容器の後ろに光源パネルを置き，図の目の方向から見てみよう。簡単のため，液晶分子を平たいリボン状として考えてみよう。通電 off にすると液晶は光源パネルを覆い隠すように配列し，その結果画面は黒くなる。しかし，on にすると，液晶は光の進行を邪魔しなくなるので画面は明るく（白く）なる。

これが原理である。後は画面を細かく細分して，それぞれを電気的に駆動すればよいことになる。実際には光源として特殊な光（偏光）を用いるが，原理的には上のようなものである。

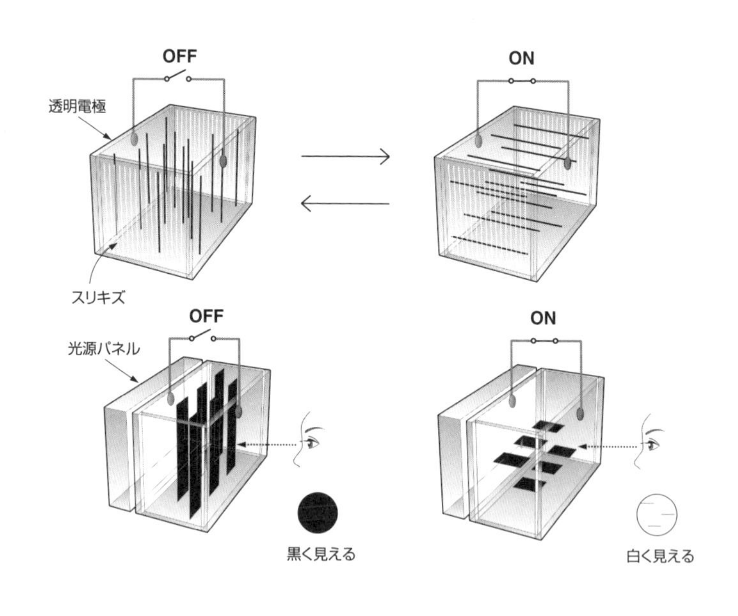

第 7 章

溶液の性質

　溶液とは複数の成分からできた液体である。それに対して単一成分の液体を純粋液体ということがある。

第１節　溶質と溶媒

溶液を作る成分は液体と液体，液体と固体，液体と気体などいろいろな場合がある。またその比も様々である。

溶質と溶媒

砂糖水は砂糖を水に溶かした溶液である。この時，砂糖を溶かした水を溶媒といい，水に溶けた砂糖を溶質という。このように，溶かすものを溶媒，溶けるものを溶質という。

濃　度

溶媒と溶質の量の関係を表わしたものを濃度という。濃度には何種類もの定義があるので注意が必要である。

A　質量パーセント濃度（単位：パーセント）

溶液中に含まれる溶質の質量をパーセントで表わした濃度を質量パーセント濃度という。一般的には最も良く用いられる濃度である。

質量パーセント濃度 =(溶質質量（g)/ 溶液質量（g)) × 100

B　体積パーセント濃度（単位：パーセント）

溶液中に含まれる溶質の体積をパーセントで表わした濃度を体積パーセント濃度という。

体積パーセント濃度 =(溶質体積（L)/ 溶液体積量（L)) × 100

C　モル濃度（単位：mol/L）

溶液１L 中に含まれる溶質のモル数をモル濃度という。化学で最も多く用いられる濃度である。

モル濃度 = 溶質モル数（mol)/ 溶液体積（L)

D　質量モル濃度（単位：mol/1000 g）

溶媒 1000 g 中に含まれる溶質のモル数を質量モル濃度という。

質量モル濃度 = 溶質モル数（mol)/ 溶媒質量（1000 g)

E　モル分率（単位：無名数）

溶質のモル数を溶質と溶媒のモル数の和で割った値をモル分率という。

モル分率 = 溶質モル数（mol)/(溶質モル数 + 溶媒モル数)

モル濃度

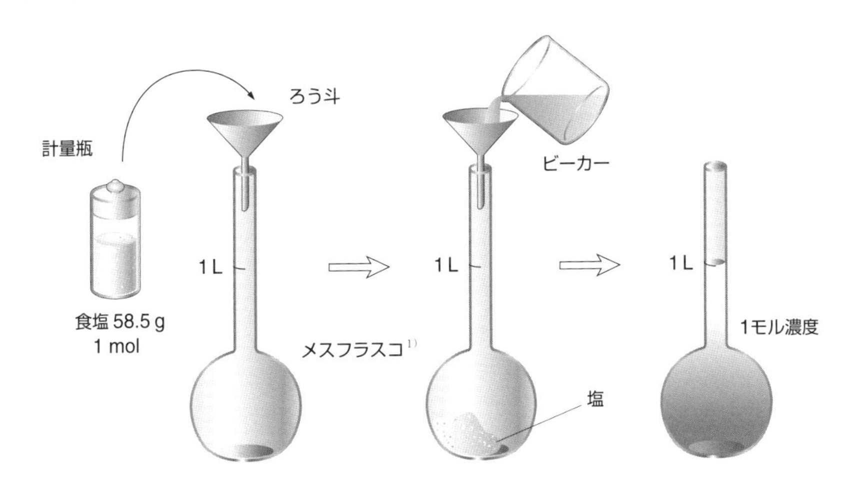

質量モル濃度

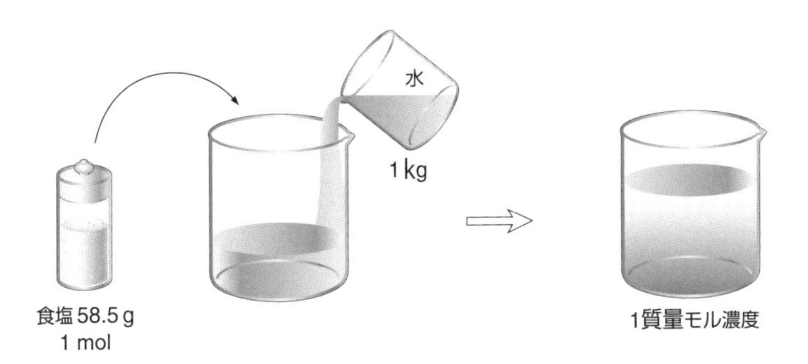

モル分率

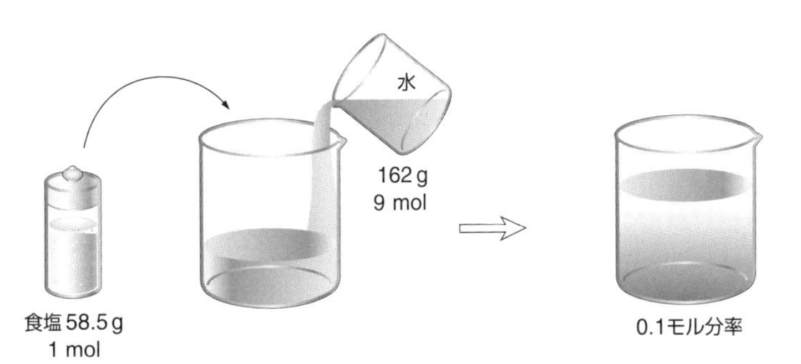

第2節　溶　解

砂糖は水に溶ける。しかし，化学では小麦粉は水に溶けるとはいわない。小麦粉は水に混ざるだけである。“溶ける”と“混ざる”はどう違うのだろうか。

溶　解

食塩は水に溶けるがバターは水に溶けない。一方，バターは油に溶けるが食塩は油に溶けない。どのようなものがどのようなものに溶けるのだろうか。

「似た物は似た物を溶かす」という言葉がある。分子構造の似たものは互いに溶け合うという意味である。食塩（NaCl）はイオン結合の物質であり，Na^+ と Cl^- というイオンからできている。水のO－H結合もイオン性を帯びている。このように水と食塩は似ているので溶けるのである。それに対してバターや油にはイオン的な結合がなく，水や食塩とは似ていないので溶けあわない[2)]。

溶媒和

溶質が溶媒に溶解するということは，

①　溶質が1個ずつの分子にバラバラになり，

②　溶質分子が溶媒分子に囲まれることを意味する。

このように溶質が溶媒に囲まれることを溶媒和といい，溶媒が水の時には特に水和という。溶媒和することにより，溶質は安定化することができる。

溶質が溶媒にどの程度溶けるかを表わした数値を溶解度という。図はいくつかの結晶の溶解度を示したものである。一般に温度が高くなると結晶の溶解度は上昇するが，食塩のようにあまり変わらないものもある。

ヘンリーの法則

気体も液体に溶解する。コーラには二酸化炭素が溶けているし，魚は水中に溶けた酸素で呼吸している。夏になると金魚鉢の金魚が水面に口を出して空気を吸っているので分かるように，温度が高くなると気体の溶解度は低くなる[3)]。

単位質量の溶媒に溶ける，気体の“質量は圧力に比例する”。これをヘンリーの法則[4)]という。しかし，気体の体積は圧力に反比例する。したがってヘンリーの法則は，単位質量の溶媒に溶ける気体の“体積は圧力によって変化しない”，ということもできる。

溶媒和

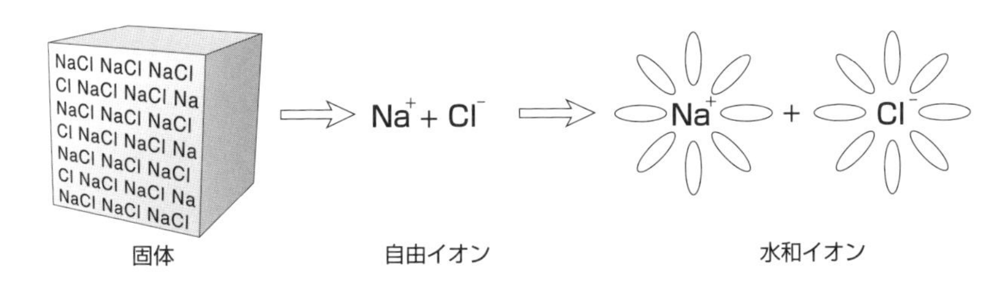

結晶の溶解度

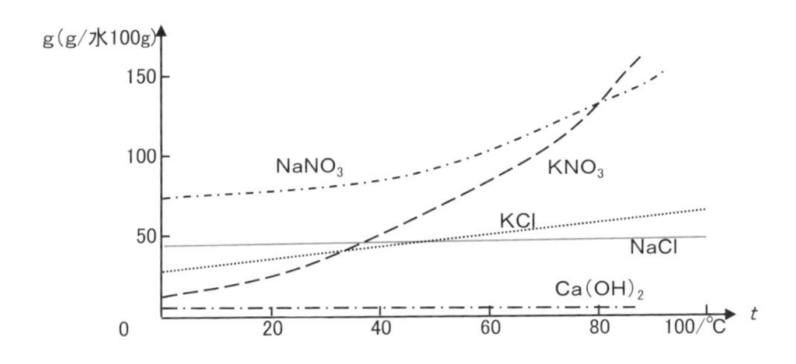

気体の溶解度

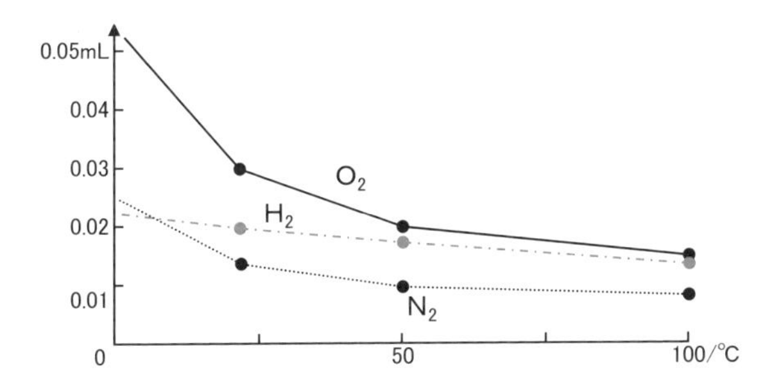

ヘンリーの法則

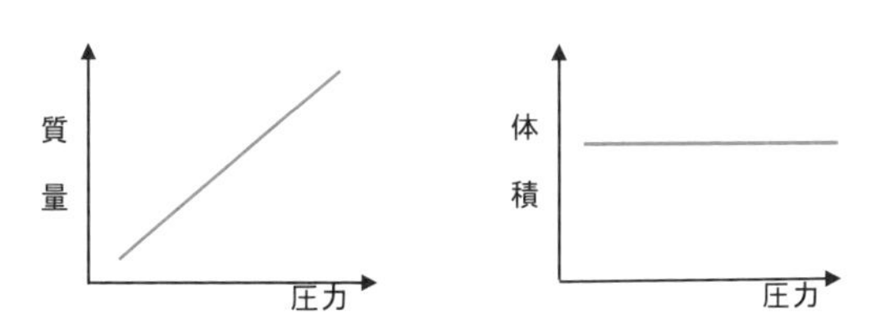

第3節　蒸気圧

溶液の分子は最初から最後まで溶液中に留まるわけではない。溶液中の分子は気体中に飛び出し，また，気体の分子は溶液に飛び込む。

溶液表面の分子運動

液体の内部にある分子は第2章第5節で見たように，水素結合やファンデルワールス力などの，分子間力で互いに引き付け合っている。しかし，液体表面にいる分子は周りの分子の個数が少なく，引力も弱い。そのため，周りの分子からの引力を断ち切って，液体から気体に飛び出すことがある。

また，一方，気体中の分子も液体に飛び込む。このように液体表面では飛び出す分子と飛び込む分子があり，その個数はつりあった状態になっている。このような状態を平衡状態という。

蒸 気 圧

液体から飛び出した分子の示す圧力を液体の蒸気圧という。蒸気圧は温度と共に上昇する。水の蒸気圧と温度との関係は第6章第2節で示した状態図の曲線 ab によって与えられる。

沸騰という現象は，飛び出す分子が多くなり，その蒸気圧が大気圧（1 気圧）に等しくなった状態である。

モル分率 n_A，n_B で混合した2種類の液体 A，B の混合溶液を考えてみよう。モル分率はモル数の割合であり，1 モルの個数は分子の種類に関わらず一定であるから，モル分率は分子の個数の割合を表わすものである。

混合溶液の表面には A の分子と B の分子があり，その割合は A，B の分子数の割合（モル分率）に等しい。

ラウールの法則

分子 A，B はそれぞれ気体中に飛び出し，それぞれが蒸気圧を示す。溶液の全蒸気圧 P はこの両分子 A，B の示す蒸気圧の和で表わされることになる。

A による蒸気圧 P_A を A の分圧という。P_A は同じ温度の A の蒸気圧 $P_A{}^0$ に A のモル分率 n_A を掛けたものに等しい。これをラウール[5)] の法則という。

B に関しても同様であり，溶液全体の蒸気圧 P_T は P_A と P_B の和になる[6)]。

蒸気圧

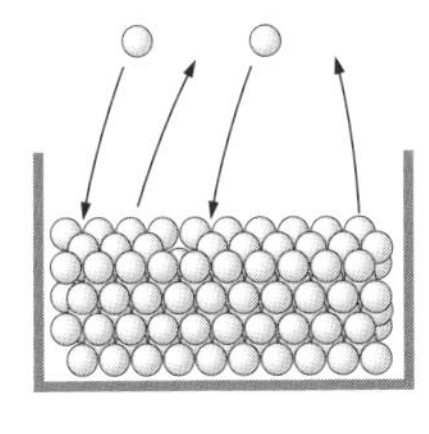

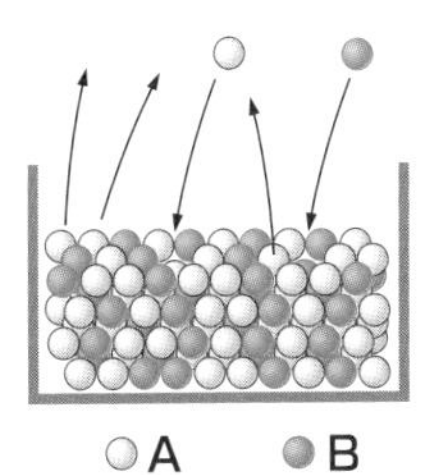

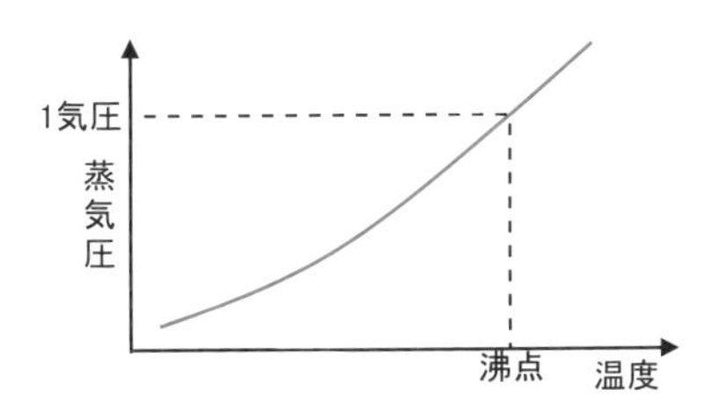

ラウールの法則

$$P = P_A + P_B$$

$$P_A = P_A{}^0 \frac{n_A}{n_A + n_B} \qquad P_B = P_B{}^0 \frac{n_B}{n_A + n_B}$$

$P_A{}^0$, $P_B{}^0$:純粋なA, Bの蒸気圧
n_A, n_B :A, Bのモル分率

分　圧

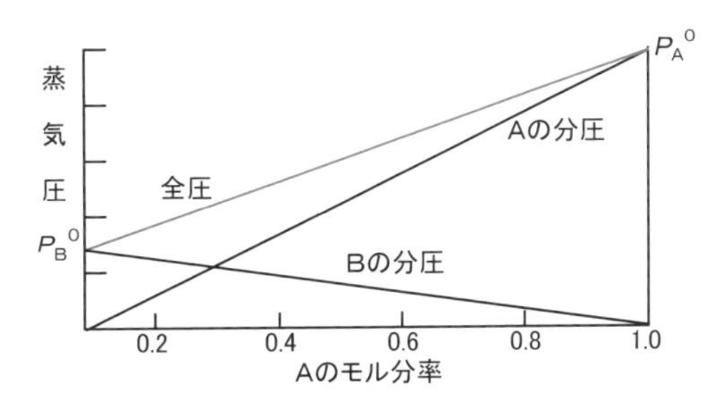

第4節　溶液の沸点と融点

不揮発性の溶質を溶かした溶液を考えてみよう。

蒸気圧降下

図は不揮発性の溶質を溶かした溶液の模式図である。溶液表面には揮発性の溶媒分子と不揮発性の溶質分子が並ぶ。このうち，不揮発性の分子は空気中に飛び出すことはない。空気中に飛び出して蒸気圧を示すことができるのは揮発性の溶媒だけである。その結果，溶液の蒸気圧は純粋溶媒より下がることになる。

溶液の状態図

図の点線は不揮発性溶質を溶かした水溶液の状態図である。実線は純粋溶媒である水の状態図である。水溶液の蒸気圧曲線が下がっていることが分かる。

この図を元に，溶液の沸点と融点を見てみよう。沸点（t_b）は1気圧の線と蒸気圧曲線の交点の温度であるが，純水の沸点100℃より高くなっていることが分かる。これを沸点上昇という。同様にすると融点（t_f）は純水の融点0℃より低くなっている。これを融点降下という[7)]。

モル凝固点降下・モル沸点上昇

溶液の融点や沸点が純水に比べて変化する量は，不揮発性溶質のモル分率に比例する。この関係を利用してモル凝固点降下度（K_f），モル沸点上昇度（K_b）というものが定められている。すなわち，溶媒1000 gに1モルの物質が溶けた時の融点降下度をモル凝固降下度，またこの時の沸点上昇度をモル沸点上昇度というのである。

分子量測定

モル凝固点降下度K_fと溶質モル数の関係は（式2）に示した通りである。この関係を利用すると，構造未知試料の分子量を求めることができる。水1000 gに，ある分子100 gを溶かした溶液の融点が，水のモル降下度1.86℃，すなわち，融点が−1.86℃となったとしよう。これは，この水溶液に未知試料1モルが溶けていることを意味する。すなわち，100 gが1モルなのであり，したがってこの試料の分子量は100ということになる。

溶液の状態図

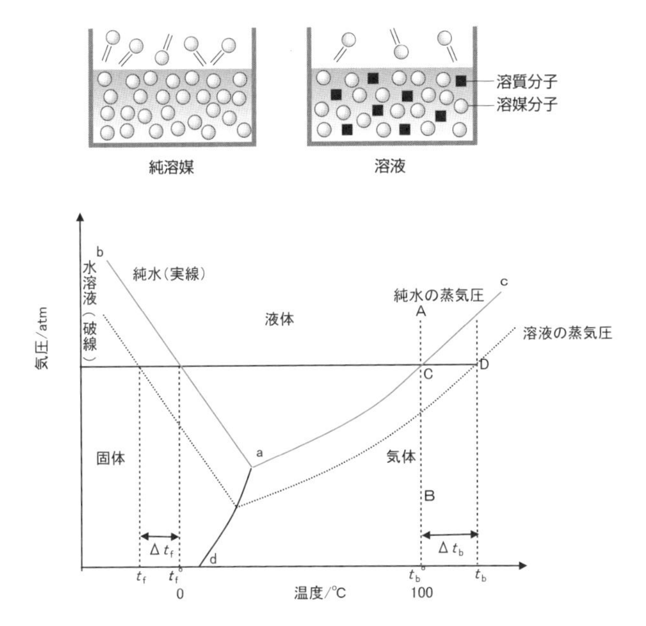

モル凝固点降下（K_f）・モル沸点上昇（K_b）

溶　媒	凝固点/℃	K_f	沸点/℃	K_b
水	0	1.86	100	0.52
ベンゼン	5.5	5.12	80.2	2.57
ショウノウ	178	40.0	209	6.09

分子量測定

$\Delta t_b = K_b m$　　(1)

K_b：モル沸点上昇度

$$m = \frac{\text{溶質モル数}}{\text{溶媒 1000g}}$$

$\Delta t_f = K_f m$　　(2)

K_f：モル凝固点降下度

第5節　浸透圧

野菜に塩を振っておくと野菜から水が出てシンナリし，漬物ができる。これはどういう現象であろうか。

溶媒の浸透

砂糖を布の袋に入れて水槽の中に沈めて数日おくと水槽の水全体が甘くなり，袋の中の砂糖は溶けてなくなっている。今度は砂糖をセロハン紙[8)]の袋に入れて，同じことをやってみる。袋の中は水びたしで砂糖は溶けている。しかし，水槽の水は甘くない。これは，布の袋は水も砂糖も通過（浸透）させたが，セロハン紙は水を通過させるが砂糖は通過させなかったことによる。

半透膜

このように，水のような小さい分子は通過させるが，砂糖のように大きな分子は通過させない膜を半透膜という。半透膜を挟んで両側の溶液に濃度差があると，溶質は移動せずに溶媒が移動して，両方の濃度を等しくしようという作用が生じるのである。塩を振った野菜の場合もこれと同じ原理である。すなわち，細胞膜は半透膜なので，野菜の細胞の中の溶媒（水）が塩分濃度の高い外界に染み出したのである[9)]。

浸透圧

ピストンの底に穴を空け，そこに半透膜を張ったものを用意する。この中に n モルの砂糖を溶かした体積 V の溶液を入れる。ピストンを水槽に漬け，ピストンの蓋の高さを水面と同じにしてしばらく置いてみよう。やがて，半透膜を通って水がピストンの中に入ってくる。そのため，ピストンの蓋は持ち上げられることになる。ピストンのハンドルを押し下げて，蓋の高さを元の高さに戻すためには圧力 π を掛けなければならない。この圧力 π を浸透圧という。

ファントホッフの法則

浸透圧（π），溶液の体積（V），それと溶質のモル数（n）の間には式に示した関係があることが知られている。この式を発見者の名をとってファントホッフ[10)]の式という。理想気体方程式と良く似た形の式である。

半透膜

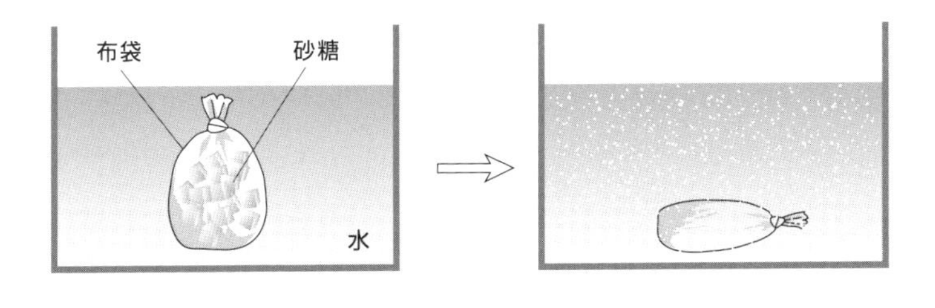

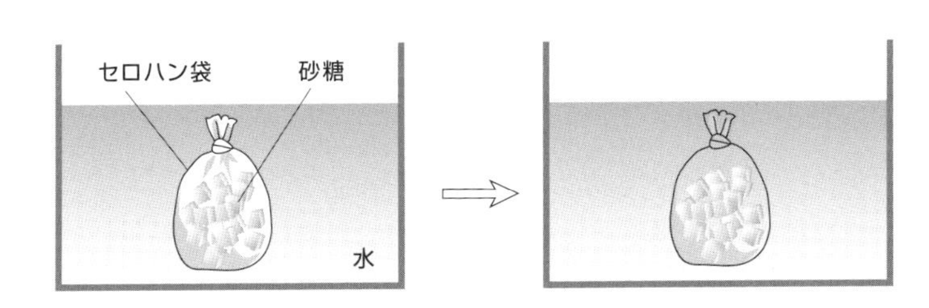

浸透圧

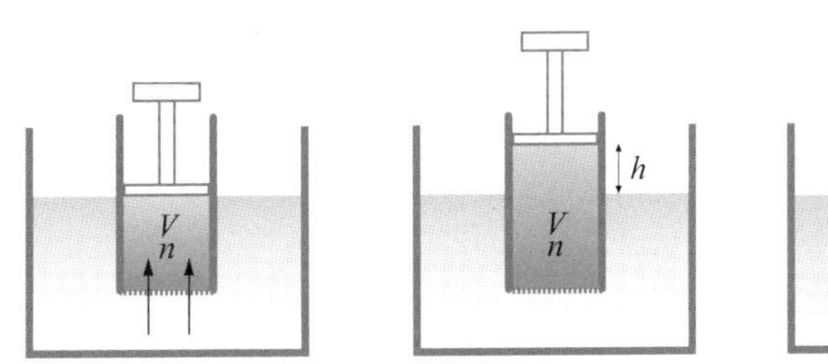

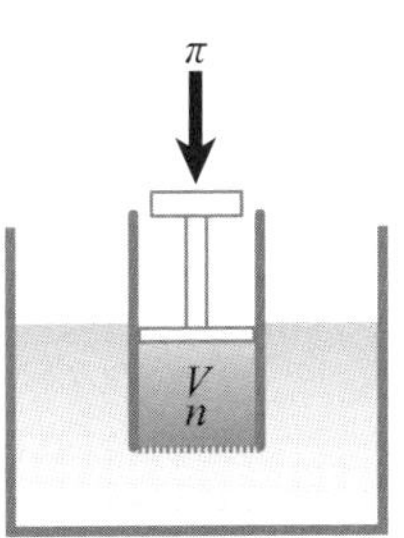

$$\pi V = nRT$$

π：浸透圧
V：体積
n：溶質モル数

注

1)　メスフラスコは正確に1Lとか，500 mLなどの一定量を計り取る器具であり，任意の量の液体の体積を計る能力は無い。任意の量の液体を計りとるにはメスシリンダーを用いる。

2)　金Auは王水以外の何物にも溶けないと言われるが，液体金属である水銀Hgには溶けて，泥状の金アマルガムと言われる合金になる。金アマルガムを銅像に塗って，その後加熱すると水銀だけが蒸発して銅像の表面に金が残って金メッキ状態になる。以前は歯の治療に銀を水銀に溶かした銀アマルガムを用いた。

3)　海水には大量の二酸化炭素が溶けている。化石燃料の燃焼によって二酸化炭素が増えるとその温室効果によって気温が上昇し，海水温が上がるおかげで海水から二酸化炭素が放出されることになる。つまり相乗効果である。

4)　ヘンリー：ウィリアム・ヘンリー（1775～1836年）。イギリスの化学者。

5)　ラウール：フランソワ-マリー・ラウール（1830～1901年）。フランスの化学者

6)　溶液の全圧と溶液成分の分圧が図のような美しい直線関係になることは多くない。図のようなグラフを与える溶液を，理想気体の場合と同じように「理想溶液」と呼ぶ。良く知られた例ではベンゼンとトルエン（p.69参照）の混合物がある。

7)　融点降下を利用したものが寒剤である。良く知られた寒剤は氷と塩（塩化ナトリウム）の混合物であり，温度は-21℃まで下がる。そのため冷凍庫の無い時代にはアイスクリームを作るのに使った。高速道路の凍結防止のために塩をまくのも，雪が寒剤になって-21℃まで凍らなくなるのを利用したものである。

8)　セロハン紙や細胞膜は半透膜の例として良く用いられる。

9)　一般にナメクジに塩を掛けると溶けると言われるが，溶けはしない。浸透圧の関係で体内の水分が体外に出るので縮んで小さくなったのである。

10)　ファントホッフ：ヤコブス・ヘンリクス・ファント・ホッフ（1852～1911年）。オランダの化学者。

演習問題

問 1　お酒の濃度は体積 % をアルコール度数という。度数 15 度のお酒 1 L 中に入っているエタノールの量はいくらか。

問 2　溶媒和と水和の違いはなにか。

問 3　夏に池の魚が大量死することがあるのはなぜか。

問 4　気体の体積溶解度が圧力で変化しないのはなぜか。

問 5　理想溶液とは何は何か。

問 6　ある純物質をベンゼンに 1 質量モル濃度溶かした溶液の融点は何度か。

問 7　溶液の濃度が半分になったら浸透圧はどうなるか。

問 8　つぎのうち，半透膜はどれか。サランラップ，手ぬぐい，細胞膜，アルミ箔，ゴム膜，セロハン，コピー用紙。

問 9　沸騰した水と沸騰した味噌汁ではどちらが熱いか。

問 10　海水が凍りにくいのはなぜか。

新 型 コ ロ ナ ウ イ ル ス

2019 年暮れ，中国武漢市で発生した新型コロナウイルスによる感染症はまたたく間に世界に広がり，WHO は 2020 年 3 月 11 日，世界的蔓延を意味するパンデミックを宣言した。

ウイルスと細菌など微生物との違いは何だろうか？　細菌は生物の一種であるが，ウイルスは違う。それでは生物とはなんなのか。

生物とは，①自分で栄養を摂取し，②増殖し，③細胞構造を持つ物，と定義されている。ウイルスは宿主に寄生してその栄養素を貰っているので①に適合しない。また，ウイルスは核酸を用いて増殖するが，細胞構造を持っていない。したがって③にも適合しない。

このようなことで，ウイルスは生物ではなく，物体であるとされている。感染症と言えば治療薬は抗生物質だが，抗生物質は「微生物が分泌して他の微生物を攻撃する物質」であり，生物でないウイルスには効き目がない。

ということで，目下の所，コロナウイルスに抵抗する手段は感染の予防，つまりワクチン接種しかないが，幸いなことに有効な m(メッセンジャー)RNA ワクチンが開発されている。コロナ禍が一日も速く収束するのを願いたい。

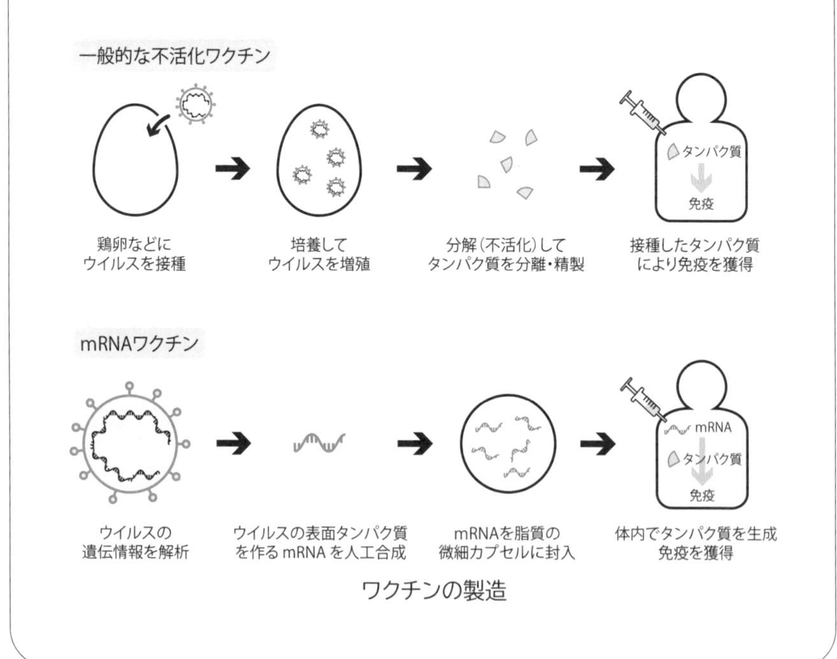

ワクチンの製造

第8章

酸・塩基

酸性とは酸という物質の示す性質であり，塩基性とは塩基という物質の示す性質である。それでは酸，塩基とはどのような物質なのであろうか。

第1節　酸と塩基

酸，塩基の考えは化学の全ての分野（有機化学，無機化学など）において非常に大切なものである。そのため，各分野で使いやすいように酸・塩基には何種類かの定義が認められている。

アレニウス[1)]の定義

アレニウスは酸，塩基を次のように定義した。

① 酸：水に溶けて H^+ を出すもの。

② 塩基：水に溶けて OH^- を出すもの。

この定義によれば塩化水素（HCl）の水溶液は H^+ を出すので塩酸（HCl の水溶液）は酸である。また，アンモニア（NH_3）は水溶液中で NH_4^+ と OH^- になるので塩基である。この定義は最も一般的で良く使われる定義である。

ブレンステッド[2)]の定義

ブレンステッドは酸，塩基を次のように定義した。

① 酸：H^+ を放出するもの。

② 塩基：H^+ を受け取るもの。

塩酸（HCl）は H^+ を放出するので酸であり，塩化物イオン Cl^- は H^+ を受け取るので塩基となる。この時，HCl と Cl^- は共役の関係にあるといい，HCl は Cl^- の共役酸であり，Cl^- は HCl の共役塩基であるという。この定義は水を使わない定義なので有機化学では良く使われる。

水は電離して H^+ を出すので酸であり，一方，H^+ を受け取って H_3O^+ となるので塩基でもある。このような物質を両性物質という。

コラム：バッテリー

ブレンステッドの定義は野球のバッテリーの定義に似ている。ボールを放出するのはピッチャーであり，それを受け取るのがキャッチャーである。すなわち，酸はピッチャー，塩基はキャッチャー，そして H^+ がボールに相当するのである。

アレニウスの定義

酸：水に溶けてH^+を出すもの

$$HCl \longrightarrow H^+ + Cl^-$$

$$CO_2 + H_2O \longrightarrow (H_2CO_3) \longrightarrow H^+ + HCO_3^-$$

塩基：水に溶けてOH^-を出すもの

$$NaOH \longrightarrow Na^+ + OH^-$$

$$NH_3 + H_2O \longrightarrow (NH_4OH) \longrightarrow NH_4^+ + OH^-$$

ブレンステッドの定義

酸：H^+を出すもの

$$HCl \longrightarrow H^+ + Cl^-$$

塩基：H^+を受け取るもの

$$NH_3 + H^+ \longrightarrow NH_4^+$$

共役酸・塩基

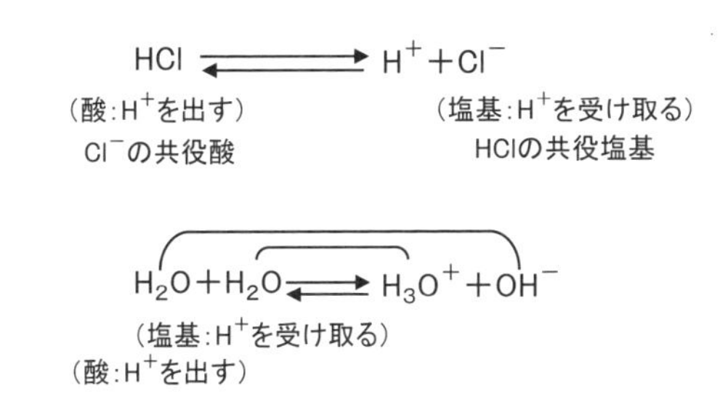

バッテリー

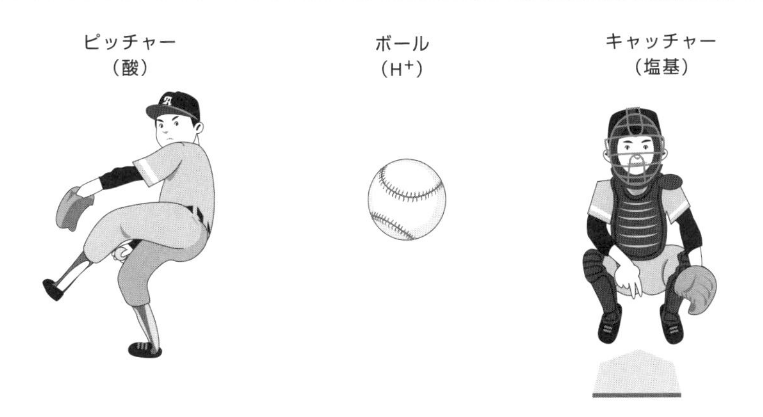

第2節　酸と塩基の種類

酸と塩基にはどのようなものがあるのだろうか。表には酸，塩基の代表的なものを並べた。

電解質

陽イオン部分と陰イオン部分に分かれることのできるものを電解質という。酸，塩基は典型的な電解質である。電解質がイオンに分解することを電離という。

酸・塩基の強弱

酸，塩基には強いものと弱いものがある。H^+ を出す性質の強いものが強酸であり，H^+ を受け取る性質の強いものが強塩基である。そしてその反対が弱酸，弱塩基である。塩酸，水酸化ナトリウム（NaOH）は代表的な強酸，強塩基であり，酢酸（CH_3CO_2H），アンモニアは弱酸，弱塩基である。

酸

◎　塩酸（HCl）：塩化水素（HCl）の水溶液であり，強酸である。

◎　硝酸（HNO_3）：五酸化二窒素（N_2O_5）の水溶液であり，強酸である。

◎　硫酸（H_2SO_4）：三酸化硫黄（SO_3）の水溶液であり，強酸である。硫酸は二段階で電離するが，二段目の酸になる HSO_4^- は強酸ではない。

◎　リン酸（H_3PO_4）：三段階で電離する。一段階目は強酸であるが，二段階目以降は弱酸となる。

◎　酢酸（CH_3CO_2H）：代表的な弱酸である。典型的な有機物の酸である。

塩　基

◎　水酸化ナトリウム（NaOH）：代表的な強塩基である。

◎　アンモニア（NH_3）：そのままで H^+ を受け取るほか，水と反応して OH^- を出す。弱塩基である。

◎　水酸化カルシウム（$Ca(OH)_2$）：OH^- となりうる OH 原子団が2個あるので2段階で電離する。

◎　アミン（RNH_2）：アンモニアの1個の水素がアルキル基に置き換わったものである。典型的な有機物の塩基である。

電 解 質

$$A^{+}B^{-} \xrightarrow{\text{電 離}} A^{+} + B^{-}$$

電解質　　陽イオン　　陰イオン

酸・塩基の種類

	名称	化学式	構造式	反応
酸	塩　酸	HCl	$H-Cl$	$HCl \longrightarrow H^{+} + Cl^{-}$
	硝　酸[3]	HNO_3	$H-O-N^{+}(=O)-O^{-}$	$HNO_3 \longrightarrow H^{+} + NO_3^{-}$
	硫　酸[4]	H_2SO_4	$(H-O)_2S(=O)_2$	$H_2SO_4 \longrightarrow H^{+} + HSO_4^{-}$ $HSO_4 \longrightarrow H^{+} + SO_4^{2-}$
	リン酸	H_3PO_4	$H-O-P(=O)(-O-H)-O-H$	$H_3PO_4 \longrightarrow H^{+} + H_2PO_4^{-}$ $H_2PO_4^{-} \longrightarrow H^{+} + HPO_4^{2-}$ $HPO_4^{2-} \longrightarrow H^{+} + PO_4^{3-}$
	酢　酸[5]	CH_3CO_2H	$CH_3-C(=O)-O-H$	$CH_3CO_2H \longrightarrow H^{+} + CH_3CO_2^{-}$
	炭　酸	H_2CO_3	$O=C(-O-H)-O-H$	$H_2CO_3 \longrightarrow H^{+} + HCO_3^{-}$ $HCO_3^{-} \longrightarrow H^{+} + CO_3^{2-}$
塩基	水酸化ナトリウム	$NaOH$		$NaOH \longrightarrow Na^{+} + OH^{-}$
	アンモニア	NH_3	$H-N(-H)-H$	$NH_3 + H^{+} \longrightarrow NH_4^{+}$ $NH_3 + H_2O \longrightarrow NH_4^{+} + OH^{-}$
	水酸化カルシウム[6]	$Ca(OH)_2$	$HO-Ca-OH$	$Ca(OH_2) \longrightarrow Ca(OH)^{+} + OH^{-}$ $Ca(OH)^{+} \longrightarrow Ca^{2+} + OH^{-}$
	アミン	$R-NH_2$	$R-N(-H)-H$	$R-NH_2 + H^{+} \longrightarrow R-NH_3^{+}$ $R-NH_2 + H_2O \longrightarrow N-NH_3^{+} + OH^{-}$

第3節　酸性と塩基性

レモンは酸性であり，石鹸は塩基性であり，そして，水は中間の中性であるといわれる。それでは酸性，塩基性，中性とはどのような性質なのであろうか。

酸性・塩基性

酸性とは酸の示す性質であり，塩基性とは塩基の示す性質である。そして酸とは H^+ を放出するものであり，塩基とは H^+ を受けとるものである。したがって酸性とは，溶液中に H^+ が多い状態であり，塩基性とは H^+ の少ない状態であるといえる。

しかし，多い，少ないという表現は主観的なものである。多い，少ないの基準はどのようになるのだろうか。つまり，酸性でも，塩基性でもない状態，すなわち中性とはどのような状態をいうのだろうか。

水の電離

中性物質の代表は水である。水は電解質であり電離する。純水は電離してプロトン（H^+）と水酸化物イオン（OH^-）となる。それぞれの濃度を［H^+］，［OH^-］で表わすと，その積 $W=[H^+][OH^-]$ は $10^{-14}(mol/L)^2$ となる。これを水のイオン積という。

ところで1分子の水が電離すると1個ずつの H^+ と OH^- が生じる。したがって，純水の H^+，OH^- の濃度は等しく水のイオン積のルート，つまり，$[H^+]=[OH^-]=10^{-7}mol/L$ となる。すなわち，［H^+］，［OH^-］の濃度が $10^{-7}mol/L$ である状態が中性であり，それより H^+ の多い状態が酸性で，少ない状態が塩基性ということになる。

コラム：アルカリ性

酸に対比する術語としてアルカリがある。アルカリとは昔のアラビアで用いられた語に基づくものであり概ね，次のような意味である。すなわち，アルカリとは自分の中に OH^- となる OH 原子団を持つ塩基のことである。従がって，NaOH は塩基であり，アルカリである。一方，NH_3 は OH 原子団を持っていないのでアルカリではない。しかし，水溶液が OH^- を出すので塩基である。すなわち，アルカリとは塩基の一部なのである。

酸性・塩基性

酸　性 H^+の多い状態	中　性 H^+が中位の状態	塩基性 H^+の少ない状態
H^+ H^+ H^+ H^+ H^+ H^+ H^+ H^+ H^+ H^+ H^+ H^+ H^+ H^+ H^+ H^+ H^+ H^+ H^+ H^+ H^+ H^+ H^+ H^+ H^+ H^+	H^+ H^+ H^+ H^+ H^+ H^+ H^+ H^+ H^+ H^+	H^+ H^+ H^+ H^+

ハッキリしない

水の電離

$$H_2O \underset{}{\overset{電離}{\rightleftarrows}} H^+ + OH^-$$

$$Kw = [H^+][OH^-] = 10^{-14} (mol/L)^2$$

純水：$[H^+] = [OH^-] = \sqrt{10^{-14}} = 10^{-7}$ （mol/L）

中性：$[H^+] = 10^{-7}$ （mol/L）の状態

アルカリ性

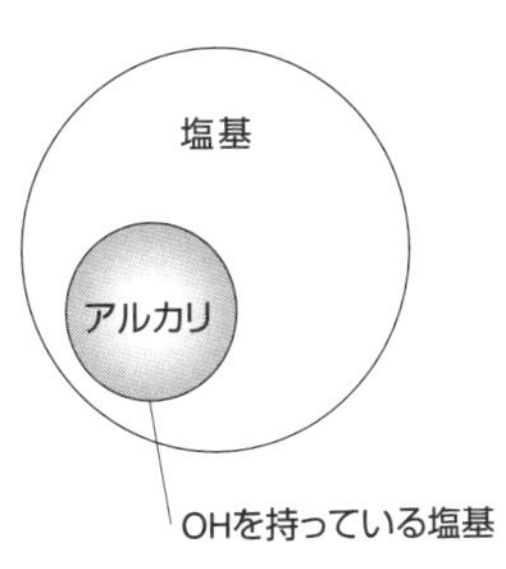

第4節　pH[7)]

前節で，酸性，塩基性はH^+の濃度で表現することができることを見た。H^+の濃度を簡単にわかりやすく表現する手法として，考案されたのが水素イオン指数pHである。

pH

H^+の濃度は多くの場合，非常に小さい。中性の場合には10^{-7}mol/Lである。これを読むのは煩わしい。「10のマイナス7乗」。これを簡単にするには対数を取ればよい。$\log[H^+]=\log10^{-7}=-7$となり，「マイナス7」で済む。しかし，H^+の濃度は多くの場合1より小さい。したがって，H^+濃度の対数に「マイナス」がつくのはいわば当然であり，マイナスを取ってしまっても間違うことはない。すなわち，$-\log[H^+]=-\log10^{-7}=7$となり，ただ単に「7」ですむ。このような理由からpHは次のように定義された。

$$pH=-\log[H^+]$$

pHと液性

酸性，塩基性などの性質を液性という。pHと液性の関係を見てみよう。pHの定義によって数値が大きいほうが濃度が低いことがわかる。そして，中性の純水のpHは$pH=-\log10^{-7}=7$である。したがって，中性はpH7であり，数値が小さければ酸性であり，大きければ塩基性であることがわかる。そして，pHで1違うと濃度は10倍違うことになる。

コラム：物質の酸性・塩基性

酢の酸性は酢酸による。石鹸は脂肪酸のナトリウム塩であり，ナトリウムによって塩基性となる。灰汁は植物を燃やした残渣（灰）を水に溶かしたもので，灰の主成分は金属の酸化物であり，酸化カリウム（K_2O）[8)]もある。これは水に溶けると強塩基の水酸化カリウム（KOH）となるので灰汁は塩基性である。

食物の酸性・塩基性は食物を燃焼させて生成するものでpHを決める。果物が燃えれば灰汁となるので果物は塩基性食品である。一方，タンパク質が燃えるとタンパク質に含まれるイオウ，窒素の酸化物が生成する。これが水に溶けると硝酸，硫酸などの酸になるので肉は酸性食品となる。

pH

$$pH = -\log[H^+]$$

数値の小さい方が$[H^+]$が濃い

数値は1大きくなると濃度は1/10になる

pH と液性

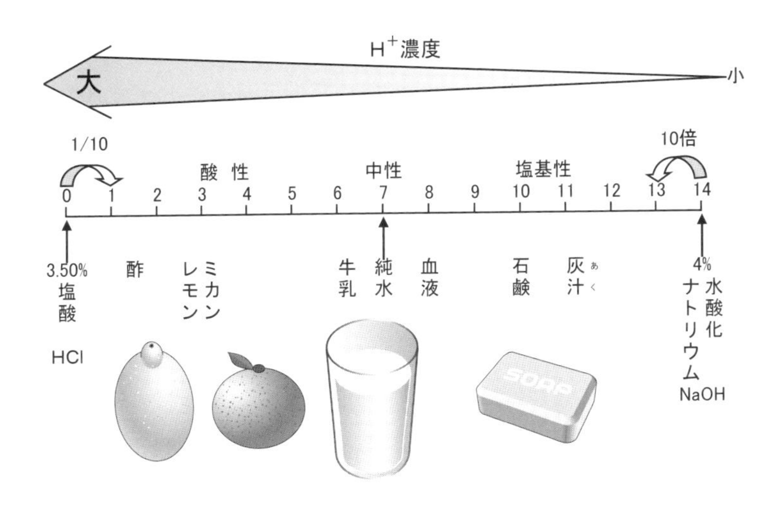

物質の酸性・塩基性

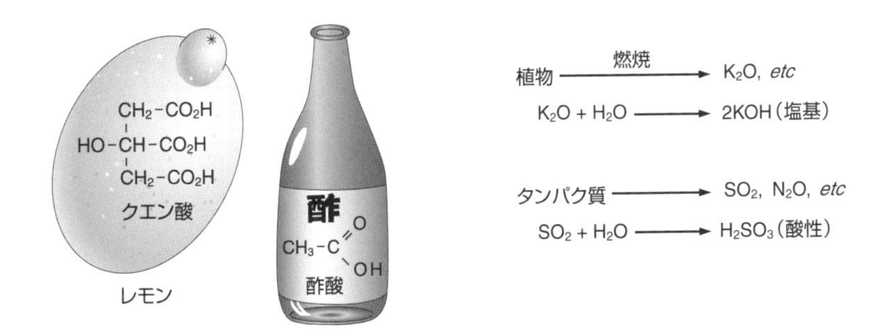

第5節　中和反応

酸と塩基の反応を特に中和という。中和反応では水と共に塩(えん)が生成する。塩は中性とは限らない。

中　和

塩酸（HCl）と水酸化ナトリウム（NaOH）を反応させると激しく発熱し，生成物として水と共に塩化ナトリウム（NaCl）が生成する。このように酸と塩基の間の反応を中和といい，生成物として水と共に生じるものを塩[9)]という。塩化ナトリウムは一般に食塩と呼ばれるが，化学的には塩である。

酸と塩基の比

中和反応は酸の H^+ と塩基の OH^- の間の反応と見ることができる。硫酸（H_2SO_4）のように，1分子中に2個の H^+ を持つ酸は2分子の酸として反応する。したがって，1分子の硫酸は2分子の水酸化ナトリウムと反応する。同様に1分子中に2個の OH^- を持つ塩基である水酸化カルシウム $Ca(OH)_2$ は2分子の塩酸と反応する。

塩の性質

塩の性質は中性とは限らない。強酸である塩酸と強塩基である水酸化ナトリウムとの反応で生じた塩化ナトリウムは中性である。しかし，弱酸である酢酸と強塩基である水酸化ナトリウムから生じる酢酸ナトリウムは塩基性であり，反対に強酸である塩酸と弱塩基であるアンモニアから生じる塩化アンモニウムは酸性である。

強酸と強塩基の塩，弱酸と弱塩基の塩は中性であるが，強酸と弱塩基の塩は酸性であり，弱酸と強塩基の塩は塩基性となる。このように，塩の性質は反応する酸と塩基のうち，強いほうの性質を残すことになる。

コラム：リトマス試験紙

色素の中には液性によって色を変えるものがある。リトマス試験紙には赤いものと緑のものがあり，緑の試験紙を酸に浸すと赤くなり，赤い試験紙を塩基に浸すと青くなる。このようにして溶液の酸性，塩基性を調べることができる[10)]。

中和反応

酸	＋	塩基	$\xrightarrow{\text{中和}}$	塩(えん)	＋	H_2O
HCl	＋	NaOH	$\longrightarrow$	NaCl	＋	H_2O
H_2SO_4 (H^+を2個放出)	＋	2NaOH	$\longrightarrow$	Na_2SO_4	＋	$2H_2O$
2HCl	＋	$Ca(OH)_2$ (OH^-を2個放出)	$\longrightarrow$	$CaCl_2$	＋	$2H_2O$

塩の性質

		酸の強弱	
塩基の強弱		強	弱
	強	中性	塩基性
	弱	酸性	中性

HCl 強　酸	＋	NaOH 強塩基	$\longrightarrow$	NaCl 中　性	＋	H_2O
CH_3CO_2H 弱　酸	＋	NaOH 強塩基	$\longrightarrow$	CH_3CO_2Na 塩基性	＋	H_2O
HCl 強　酸	＋	NH_3 弱塩基	$\longrightarrow$	NH_4Cl 酸　性		
CH_3CO_2H 弱　酸	＋	NH_3 弱塩基	$\longrightarrow$	$CH_3CO_2NH_4$ 中　性		

リトマス試験紙

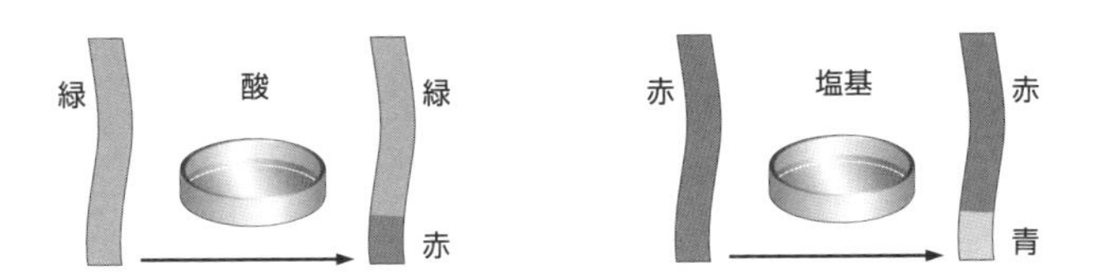

注

1)　アレニウス：スヴァンテ・アウグスト・アレニウス（1859～ 1927年）。スウェーデンの科学者。
2)　ブレンステッド：ヨハンス・ブレンステッド（1879～1947年）。デンマークの化学者。
3)　化石燃料に含まれる窒素化合物が燃焼すると多種類の窒素酸化物が混じったノックス（NOx）となり，ノックスが水に溶けると硝酸などの酸になり，酸性雨の原因となる。
4)　化石燃料に含まれる硫黄化合物が燃焼すると多種類の硫黄酸化物が混じったソックス（SOx）となり，ソックスが水に溶けると硫酸などの酸になり，酸性雨の原因となる。
5)　食酢の成分である。
6)　酸化カルシウム（生石灰，乾燥剤）CaO が水と反応すると水酸化カルシウム（消石灰）$Ca(OH)_2$ となる。この反応は強い発熱を伴うため，生石灰は火事や火傷の現になることがあるので取扱いに注意する必要がある。
7)　読み方は英語のピー・エッチであるが，昔の化学はドイツ語が主流であり，ドイツ語ではペー・ハーと読んだ。
8)　酸化カリウムはただちに空気中の二酸化炭素と反応して炭酸カリウム K_2CO_3 となる。
9)　一般に中和反応で生じる水以外の生成物を塩（えん）という。塩酸 HCl と水酸化ナトリウム NaOH の反応で生じる塩（えん）が塩化ナトリウム NaCl であり，一般に塩（しお）あるいは食塩などと呼ばれる物である。ただし，食塩は食品であり，各種の不純物を含んでいる。
10)　溶液の酸性度を正確に計るには pH メーターを用いるのが良い。pH 試験紙はあくまでも簡易的なものである。

演習問題

問１　アンモニアが塩基なのはなぜか。

問２　アンモニアの共役酸は何か。

問３　炭酸の共役塩基は何か。

問４　H^+，OH^-の名前はそれぞれ何か。

問５　次の化合物の名前を書け。

$NaHCO_3$，Na_2CO_3，CaO，$Ca(OH)_2$

問６　炭酸の１モル溶液と塩酸の１モル溶液ではどちらが酸性が強いか。

問７　硫酸と水酸化ナトリウの反応でできる塩の構造式を書け。

問８　セッケンが塩基性なのはなぜか。

問９　灰汁が塩基性なのはなぜか。

問10　pHの数値が１違ったら，H^+の濃度は何倍ちがうか。

緩衝溶液

水に酸を溶かせば酸性となり，塩基を溶かせば塩基性となる。しかし，生物の身体は微妙なバランスの上に成り立っている。酸性食品を食べたからといって体内が酸性になり，塩基性食品を食べたからといって塩基性になったのでは，強靭な生命力を維持することはおぼつかない。

酸を加えても強い酸性にならず，塩基を加えても強い塩基性にはならない。生体はこのような仕組みになっており，このような溶液を緩衝（かんしょう）溶液という。

緩衝溶液にはいろいろの組成があるが，ひとつの例は強塩基と弱酸の間にできた塩と，弱酸の組み合わせである。具体的には酢酸ナトリウムと酢酸の組み合わせである。酢酸ナトリウムは塩なので溶液中で完全に電離しているが（反応式 1），酢酸は弱酸なのであまり電離していない（反応式 2）。

この溶液に酸を加えると，酸の H^+ は系内に大量にある酢酸イオン $CH_3CO_2^-$ と反応して酢酸となり，消費されてしまう（反応式 3）。すなわち，系の H^+ 濃度 pH は変化しない。一方，塩基を加えると OH^- は酢酸と反応して消費されてしまう（反応式 4）。このため，OH^- 濃度は変化せず pH も変化しない。

このように，緩衝液には H^+ を加えようと OH^- を加えようと，系の pH は大きく変化しないのである。

$$\underset{\text{酢酸ナトリウム}}{CH_3CO_2Na} \longrightarrow \underset{\text{酢酸イオン}}{CH_3CO_2^-} + Na^+ \qquad \text{（反応式 1）}$$

$$CH_3CO_2H \longrightarrow CH_3CO_2^- + H^+ \qquad \text{（反応式 2）}$$

$$H^+ + CH_3CO_2^- \longrightarrow \underset{(H^+\text{消失})}{CH_3CO_2H} \qquad \text{（反応式 3）}$$

$$OH^- + CH_3CO_2H \longrightarrow \underset{(OH^-\text{消失})}{CH_3CO_2^-} + H_2O \qquad \text{（反応式 4）}$$

第Ⅳ部

反応とエネルギー

第 9 章
酸化・還元

化学反応の中で最も基本的で重要なもののひとつが酸化・還元反応である。酸化されるとは酸素と結合することであり，還元されるとは酸素を失うことである。しかし，酸化・還元反応はそれ以外にもある[1)]。

第1節　酸化数

酸化・還元反応を理解するには，酸化数を用いるのが便利で簡単である。

酸化数と酸化還元

酸化数というのはイオンの価数のようなものである。酸化数が増大した時には，その原子は酸化されたと考え，減少したときには還元されたと考える。

酸化数の決め方

酸化数の決め方は以下の通りである。

① 単体の原子の酸化数は0とする。

例：水素分子 H_2 の H，酸素分子 O_2，オゾン分子 O_3 の O，ダイヤモンドの C，金の Au は0

② イオンの酸化数はその価数とする。

例：NaCl（イオン化合物）の Na は +1，Cl は −1，Fe^{3+} は +3，O^{2-} は −2

③ 共有結合性化合物の場合は，結合に使われている電子がすべて電気陰制度の大きい原子に移動しているとして②の基準を用いる。

例：HBr の電気陰性度は Br>H である。2個の結合電子は Br に行くので，Br^-，H^+ となる。したがって，Br は −1，H は +1

④ 共有結合性化合物における O，H は原則的にそれぞれ −2，+1とする。

例：例外として，H_2O_2 の O は −1，NaH の H は −1

⑤ 中性の分子では，構成原子の酸化数の総和は0と考える。

例：HNO_3 の H は +1，O は −2。したがって N の酸化数を x とすると，

$1+x+(-2)\times 3=0$ より $x=5$。したがって，N は +5

⑥ 同じ原子が異なる酸化数を取ることがある。

例：CO の C は +2，CO_2 の C は +4，CH_4 の C は −4

酸化・還元

$C+O_2 \longrightarrow CO_2$

酸化反応

酸化・還元反応

酸化数と酸化還元

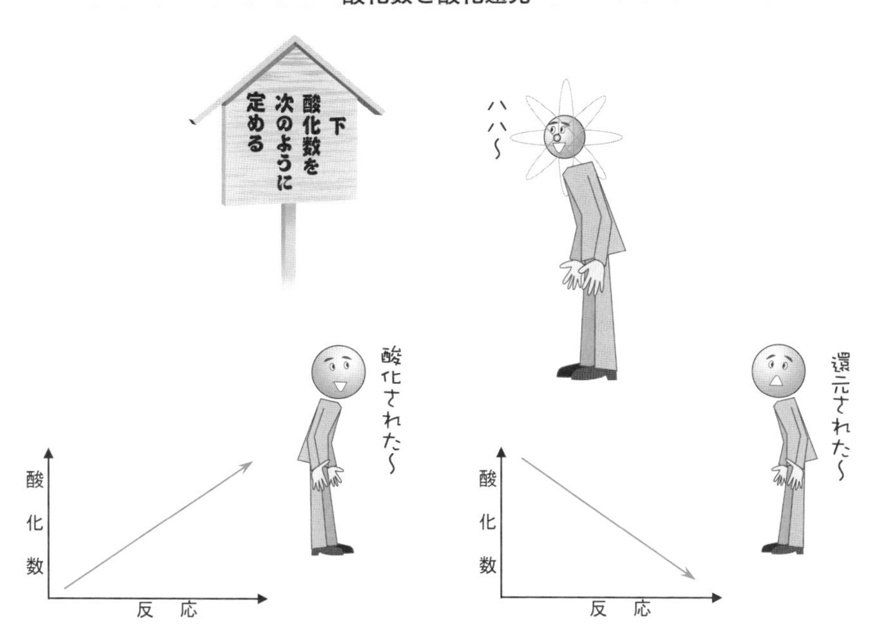

酸化数の決め方

H_2SO_4の S の酸化数を x とすると

$2+x+(-2)\times 4=0 \quad \therefore \ x=6$

$KMnO_4$の Mn の酸化数を x とすると

$1+x+(-2)\times 4=0 \quad \therefore \ x=7$

CH_3CO_2Hの C の酸化数を x とすると

$x+3+x+(-2)\times 2+1=2x+0=0 \quad \therefore \ x=0$

第2節　酸化・還元

ある原子の酸化数が増えたとき，その原子は酸化されたという。反対に，酸化数が減少したときには還元されたという。

酸素との反応

酸素と反応（結合）することがなぜ酸化されることなのかを見てみよう。炭素と酸素が反応して二酸化炭素になる反応を見てみよう。反応前のCの酸化数は0である。それに対して反応後のCO_2ではCの酸化数は +4である。このように，酸素と反応するとその原子の酸化数は上昇する。そのため，酸素と結合することを酸化されるというのである。

酸化銅（CuO）が酸素をはずして金属銅（Cu）になる反応を見てみよう。CuOのCuの酸化数は +2である。それに対して金属銅（Cu）は0である。このように酸素を放出すると酸化数が減る。このため，酸素を放出することを還元されるという。

水素との反応

炭素が水素と反応してメタン（CH_4）になるとCの酸化数は0から −4に減少する。このように水素と結合すると酸化数が減少し，還元されることになる。硫化水素（H_2S）のSは酸化数が −2である。これが，Hを放出すると単体のSとなり，酸化数は0となる。このように水素を放出すると酸化されたことになる。

電子との反応

酸化・還元反応の最も大切な側面は電子との反応である。

原子と電子の反応を見てみよう。原子から電子が取れると陽イオンになる。例えば，ナトリウム（Na）から電子が1個取れるとNa^+となる。Naの酸化数は0から +1に上昇している。すなわち，電子を放出するということは酸化されるということなのである。

原子に電子が加わると陰イオンになる。塩素（Cl）に電子が1個加わるとCl^-となる。この時Clの酸化数は0から −1に減少する。このように電子を受け入れるということは還元されるということである[2)]。

酸素との反応

$$\overset{(0)}{C} + O_2 \xrightarrow{\text{Cは酸化された}} \overset{(+4)}{CO_2}$$

$$\overset{(+2)}{CuO} \xrightarrow{\text{Cuは還元された}} \overset{(0)}{Cu} + \frac{1}{2}O_2$$

$$A + O \underset{\text{Aは還元された}}{\overset{\text{Aは酸化された}}{\rightleftarrows}} AO$$

水素との反応

$$\overset{(0)}{C} + 2H_2 \xrightarrow{\text{Cは還元された}} \overset{(-4)}{CH_4}$$

$$H_2\overset{(-2)}{S} \xrightarrow{\text{Sは酸化された}} \overset{(0)}{S} + H_2$$

$$A + H \underset{\text{Aは酸化された}}{\overset{\text{Aは還元された}}{\rightleftarrows}} AH$$

電子との反応

$$\overset{(0)}{Na} \xrightarrow{\text{Naは酸化された}} \overset{(+1)}{Na^+} + e^-$$

$$\overset{(0)}{Cl} + e^- \xrightarrow{\text{Clは還元された}} \overset{(-1)}{Cl^-}$$

$$\overset{(0)}{A} + e^- \underset{\text{Aは酸化された}}{\overset{\text{Aは還元された}}{\rightleftarrows}} \overset{(-1)}{A^-}$$

第3節　酸化剤・還元剤

相手に酸素を与えるものを酸化剤，相手から酸素を奪うものを還元剤という。

酸化剤と還元剤

炭素は酸素と反応して二酸化炭素になる。この時，炭素は酸化されたという。それでは炭素を酸化したのは誰だろうか？もちろん，酸素である。酸素が炭素を酸化したのである。この時，酸素を酸化剤という。

この反応で炭素の酸化数は0から +4になり，炭素は酸化されている。ところが酸素の酸化数は0から −2に減少している。すなわち，酸素は還元されているのである。酸素を還元したのは誰だろうか？もちろん，炭素である。炭素が酸素を還元したのである。このとき炭素は還元剤として働いているのである。

酸化と還元は同じ反応の裏表

テルミット[3)]反応は，酸化鉄（Fe_2O_3）とアルミニウム（Al）の混合物に点火すると高温を発して鉄（Fe）と酸化アルミニウム（Al_2O_3）になる反応である。この反応で，

① Alは酸化され，Feは還元されている。すなわち，酸化と還元は同時に起こっているのである。

② Fe_2O_3はAlを酸化している（酸化剤）と同時にAlに還元されている。すなわち，酸化剤（酸素）は相手（炭素）を酸化すると同時に，相手によって還元されているのである。

③ AlはFe₂O③によって酸化されていると同時に，Fe_2O_3を還元している（還元剤）。すなわち，Alは還元剤として働いているのである。

このように酸化剤によって酸化されるものは酸化剤から酸素を奪っているのであり，酸化剤から酸素を奪う還元剤になっているのである。

コラム：「貴方」くれる人，「私」もらう人

酸化・還元反応はプレゼントの贈呈である。プレゼントは酸素である。もらう人は酸化される人であり，還元剤である。一方，くれる人は酸化剤であり，酸素を失っているので還元されていることになる。

このように酸化剤は還元され，還元剤は酸化されているのである。

酸化剤・還元剤

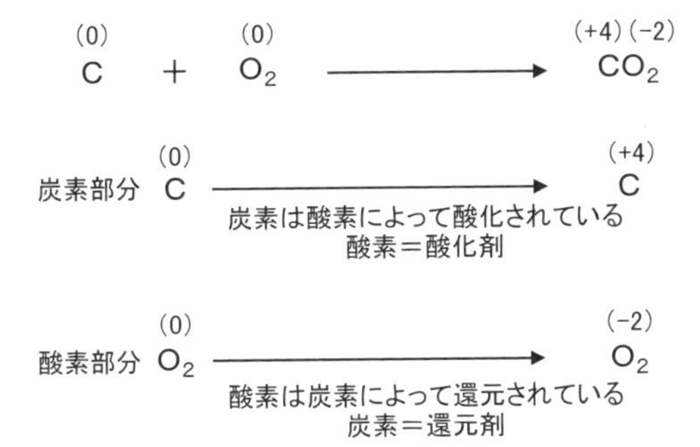

酸化・還元は同時に起こるテルミット反応

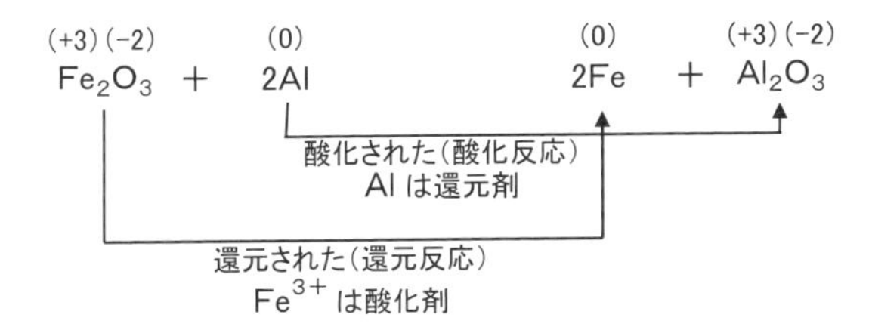

「貴方」くれる人，「私」もらう人

第4節　イオン化傾向

本章第2節によれば，陽イオンになることは酸化されることであり，陰イオンになることは還元されることであった。イオン化は酸化還元反応なのである。

イオン化

硫酸銅（$CuSO_4$）の青い水溶液[4]に亜鉛（Zn）の板を浸すと，発熱を伴って亜鉛板が溶け出す。やがて溶液の青色は薄くなり，亜鉛板の表面が赤くなる。亜鉛板が溶けたことは，金属亜鉛（Zn）（酸化数0）が溶けて（イオン化して）Zn^{2+}（酸化数2）になったことを意味する。すなわち，亜鉛は酸化されたのである。また，青色が薄くなり，亜鉛板の表面が赤くなったことは，銅イオン（Cu^{2+}）（青色，酸化数2）が，金属銅（Cu）（赤色[5]。酸化数0）になって亜鉛表面に析出したことを意味する。すなわち，銅イオンは還元されたのである。

この結果は，銅と亜鉛を比べると亜鉛の方が陽イオンになりやすい，すなわち，イオン化（酸化）されやすいことを示している。

しかし，硫酸銅の水溶液に白金Ptの板を浸しても変化は起きない。これは白金が亜鉛よりイオン化しにくいことを示す。

イオン化傾向

前項のような実験を，いろいろな金属の組について行うと，どの金属がイオン化しやすく，どれがイオン化しにくいかの傾向が表われてくる。金属元素をイオン化しやすい順に並べたものをイオン化列という。イオン化傾向の大きいものほど，イオン化しやすい。すなわち，酸化されやすいことを示している。

位置エネルギー

鉛筆は床に落ちて芯が折れる。これは鉛筆が位置エネルギーの高い机から低い床に落ち，そのエネルギー差 $\varDelta E$ が芯を折るという仕事をした結果である。位置エネルギーの高い状態は不安定であり，低い状態は安定である。

化学反応も同じである。他の条件が同じなら，エネルギーの高い状態（不安定状態）から低い状態（安定状態）へ変化する。

第1項の結果は，金属亜鉛と銅イオンの組み合わせ（$Zn-Cu^{2+}$）より亜鉛イオンと金属銅の組み合わせ（$Zn^{2+}-Cu$）の方が安定なことを示すものである。

イオン化

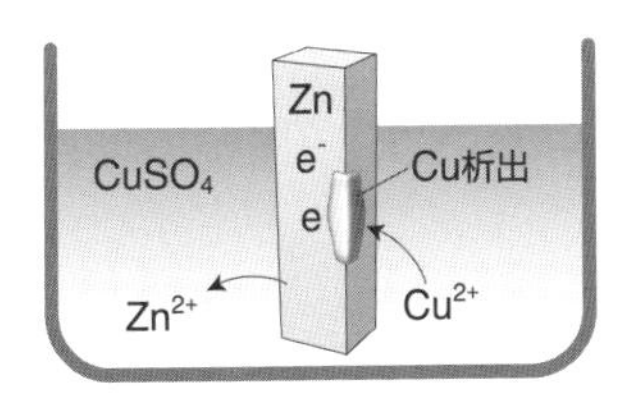

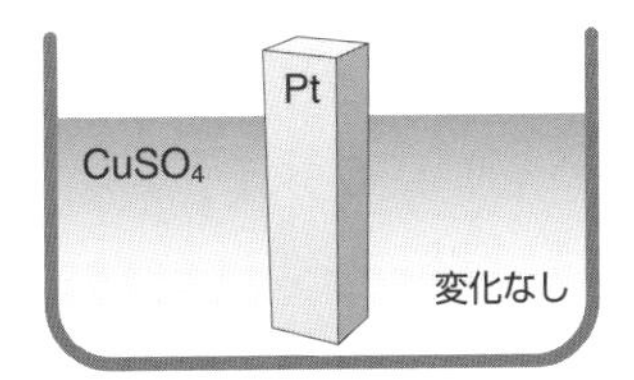

イオン化傾向

大　K Ca Na Mg Al Zn Fe Ni S Pb (H) Cu Hg Ag Pt Au

カソー　カ　ナ　マ　ア　ア　テ　ニ　スル　ナ　ヒ　ド　ス　ギル　ハッ　キン

貸　そうかな、まあ　あてにするな　ひど過ぎる借金

位置エネルギー

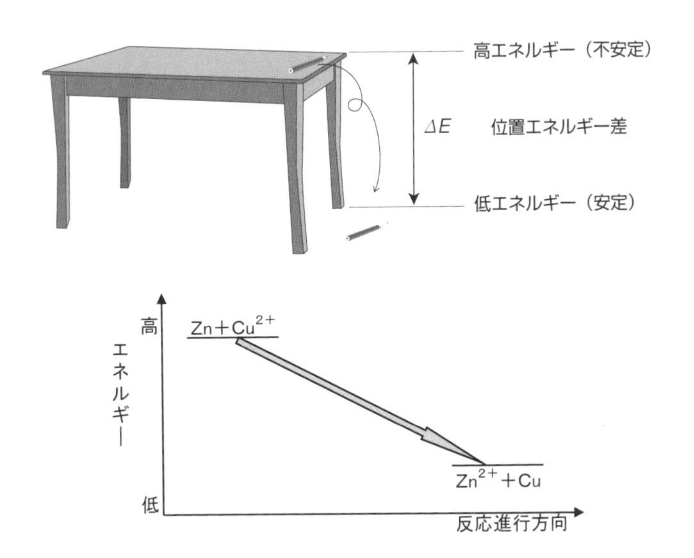

第5節　電　池

電池は酸化・還元反応に伴って起こる電子移動反応を外部回路に導き，化学エネルギーを電気エネルギーに変えるための装置である。

ボルタ[6]電池

硫酸水溶液を入れた容器に亜鉛板と銅板を入れてみよう。亜鉛と銅では亜鉛の方がイオン化傾向が大きい。そのため亜鉛がイオン Zn^{2+} となって溶液中に溶け出す。その結果，亜鉛板状に電子 e^- が溜まってくる。

亜鉛板と銅板を銅線で結んだらどうなるだろうか？過剰の電子は亜鉛板から銅板に移動し，さらに溶液中の H^+ に移動して H^+ を H_2 にする。これは電子の流れであり，電流である。電流の流れは電子の流れる方向と反対に考える約束なので，電流は銅板から亜鉛板へ流れたことになる。すなわち，銅板が正極（陽極）であり，亜鉛板が負極（陰極）である。

化学エネルギーと電気エネルギー

豆電球に火を灯して明るくするには，電気エネルギーが必要である。この電気エネルギーはどこから来るのであろうか？

$(Zn-2H^+)$ の組み合わせと $(Zn^{2+}-H_2)$ の組み合わせでは，後者のほうが安定であり低エネルギーである。すなわち，$(Zn-2H^+)$ から $(Zn^{2+}-H_2)$ に変化する時には，その変化に伴うエネルギー差 $\varDelta E$ が外部に放出される。電池はこのエネルギー差を電気エネルギーに変えて利用しているのである。

いろいろな電池

電池にはいろいろな種類がある[7]。現在，注目を集めているのは燃料電池と太陽電池であろう。

燃料電池は，水素と酸素が反応して水になる時に発生するエネルギーを電気エネルギーに変化させるものである。この反応のためには白金触媒が必要であり，触媒の安定供給と燃料の水素ガスの安全運搬が大切である。

太陽電池は太陽から来る光エネルギーを，電気エネルギーに変える装置である。現在はケイ素を用いているが，コストの高い点が問題である。コストが安く，製造の簡単な有機物を用いるなど改良が計られている[8]。

ボルタ電池

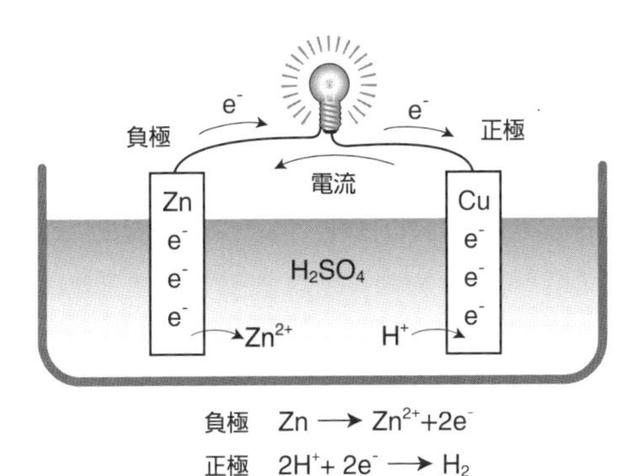

エネルギー

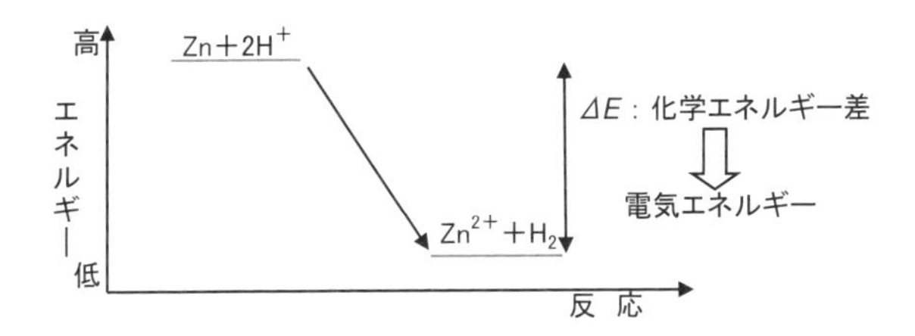

いろいろな電池

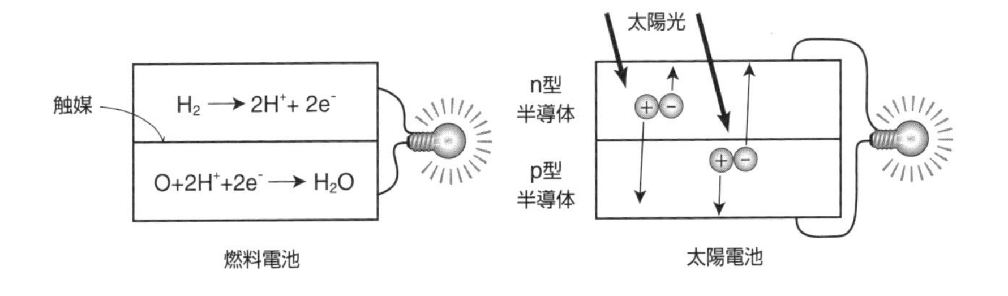

注

1)　酸化・還元で困ることは日本語の曖昧さである。酸化する，還元するという動詞を自動詞にも他動詞にも用いるのである。A「鉄が酸化して酸化鉄になった。」この文章では鉄自身が酸化鉄に変化したのであるから「酸化して」は自動詞として使われている。一方，B「酸素が鉄を酸化して酸化鉄にした。」では，酸素が相手（鉄）を酸化したのであるから「酸化して」は他動詞として使われている。つまり，単に「Xが酸化した」と言われた場合，「Xが酸化されて酸化物になった」のか，「Xが相手を酸化して酸化物にした」のか区別がつかない。これでは厳密な化学的な議論は出来ない。そこで，本書では「酸化する」，「還元する」という語を専ら他動詞として使う。したがって文章Aは「鉄が酸化されて酸化鉄になった。」と受け身の形で表現されることになる。

2)　酸化・還元反応の本質はこの様な「電子のやり取り」である。

3)　テルミット反応は燃焼の際に高熱を発生するので，かつて鉄道レールの溶接の際などの熱源に用いられた。

4)　2価の銅イオン Cu^{2+} は美しい青色を持っている。

5)　銅は赤いので昔は赤金（あかがね）と呼ばれた。ちなみに金は黄金（こがね），鉄は黒金（くろがね），銀は白金（しろがね），鉛は蒼金（あおがね）である。

6)　ボルタ：アレッサンドロ・ジュゼッペ・アントニオ・アナスタージオ・ヴォルタ（1745 ～ 1827 年）。イタリアの物理学者。

7)　一般に乾電池のように使いきりで充電できない電池を一次電池，ニッカド電池やリチウムイオン電池のように充電して何回も使える物を二次電池という。二次電池は蓄電池とも言われる。

8)　太陽電池はガラスや焼き物のような無機物の板であり，可動部分が無いので故障は起きない。また燃料を使わないので廃棄物も出ないという利点がある。ただし発電量が太陽まかせ（お天気まかせ）という欠点もある。

演習問題

問 1　FeO，Fe_2O_3 の Fe の酸化数はそれぞれいくつか。

問 2　CO，CO_2，CH_4 の C の酸化数はそれぞれいくつか。

問 3　反応 $2H_2 + O_2 \rightarrow 2H_2O$ で酸化された物，還元された物，酸化剤，還元剤はそれぞれどれか。

問 4　反応 $Cu^{2+} + Zn \rightarrow Cu + Zn^{2+}$ で酸化された物，還元された物，酸化剤，還元剤はそれぞれどれか。

問 5　鉄とアルミニウムを電極とする電池を作った。負極となるのはどちらか。

問 6　ボルタ電池において亜鉛から放出された電子は最後にどうなるのか。

問 7　水素燃料電池のエネルギー源はなにか。

問 8　太陽電池のエネルギー源はなにか。

問 9　金を負極に使った電池は作成可能か。

問 10　水素燃料電池において，負極として作用しているのはなにか。

LEDと有機EL

昔のテレビはブラウン管という巨大な真空管を用いた物で，14インチという小型画面でも奥行きが50cmもあるような大型キャビネットに入った重い物であった。それがブラウン管が消えて，液晶，プラズマによる薄型テレビ全盛となり，そのおかげでブック型パソコンやスマホが活躍する時代となった。

最近は有機ELが登場しているが，有機ELは発光する有機物である。有機物が光るなどというと不思議に思うかもしれないが，ホタルも夜光虫もキノコも光っているのは有機物であり，有機物が光るのは当たり前のことで，不思議でもなんでもない。

有機ELの原理はLEDの原理と同じで，LEDの原理は太陽電池の反対である。太陽電池は2枚の半導体を重ねた物に光を当てて電気を取り出すが，LEDはこれに電気を流して光を取り出す。

LEDの利点は発熱せず，消費電力が少ないということであるが，有機ELはそれに加えて軽く薄く，柔軟で曲げ伸ばしができるということがある。ロールカーテンのように普段は巻いて置き，見る時だけ引き延ばして見るということも可能で，そのうち，ハンカチのように畳んでポケットにしまえるスマホができるかもしれない。

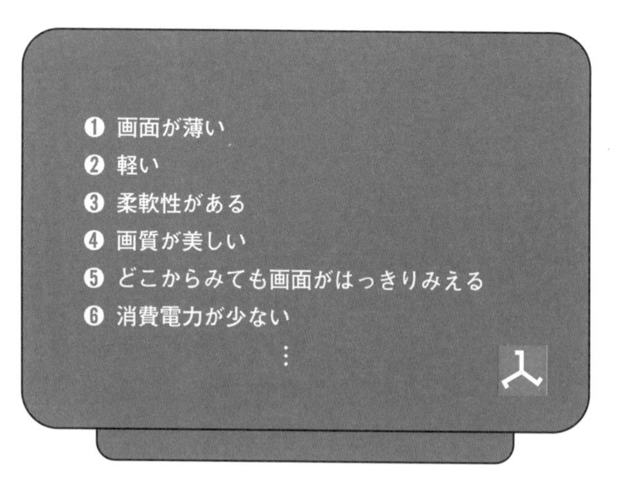

有機ELテレビの特徴

第10章
反応速度

自動車に速度があるように，化学反応にも速度がある。爆発反応のように瞬時に完結する速い反応もあれば，包丁が錆るような遅い反応もある。反応速度を調べると，その反応の詳しいことを知ることができる。

第1節　反応速度

化学反応は出発物が生成物に変化する現象である。「速い反応」は出発物が速く無くなる反応であり，「遅い反応」は出発物がいつまでも残っている反応である。

速度式

反応の速度を表わす式を（反応）速度式という。反応の種類によって速度式には色々な形のものがある。もっとも基本的な反応である A → B の速度式は，一般に（式1）で表わされる。[A] は出発物 A の濃度であり，このように濃度は化学式を括弧でくくって表わす約束である。この式で係数 k を速度定数という。速度定数の大きいものほど速い反応である。

図は反応 A → B の濃度変化を表わしたものである。反応が進むと出発物 [A] が減少してゆき，同時に生成物 [B] が増えてゆく。[A] と [B] の和は反応開始時の A の濃度 $[A]_0$ に等しい。$[A]_0$ を初濃度という。

半減期

反応が始まると出発物の濃度は減少してゆく。そして，ある時間 $t_{1/2}$ だけ経つと濃度は最初の半分になる。このように，濃度が最初の半分になる時間 $t_{1/2}$ を半減期という。

時間が半減期の2倍，すなわち，$2\,t_{1/2}$ だけ経ったらどうなるだろうか。残っていた半分も反応してしまい，出発物がなくなるわけではない。半分の半分，すなわち最初の濃度の 1/4 になるだけである。$3t_{1/2}$ だけ経ったら，さらに半分の 1/8 である。このように半減期が経つごとに出発物の濃度は，半分ずつになってゆくのである。

速い反応とは半減期の短い反応であり，遅い反応は半減期が長い。したがって，半減期を調べれば反応速度を知ることができる。

放射性元素の半減期は短いものでは1秒の数千分の1，長いものだと100億年以上と宇宙の年齢（138億年）より長いものがある。

反応速度

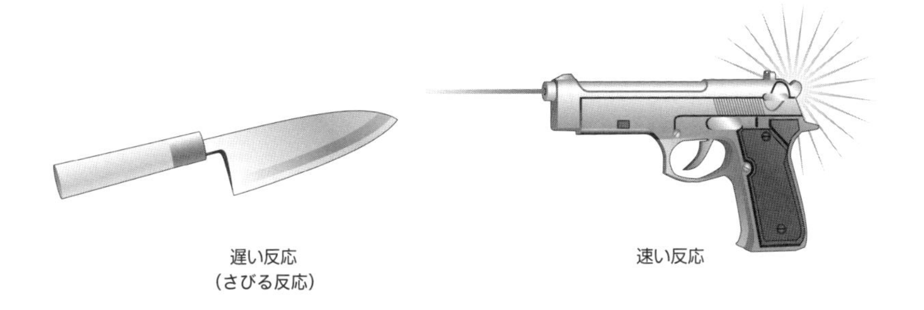

速 度 式

$$A \longrightarrow B$$

$$V = \frac{d[A]}{dt} = -k[A] \quad (1)$$

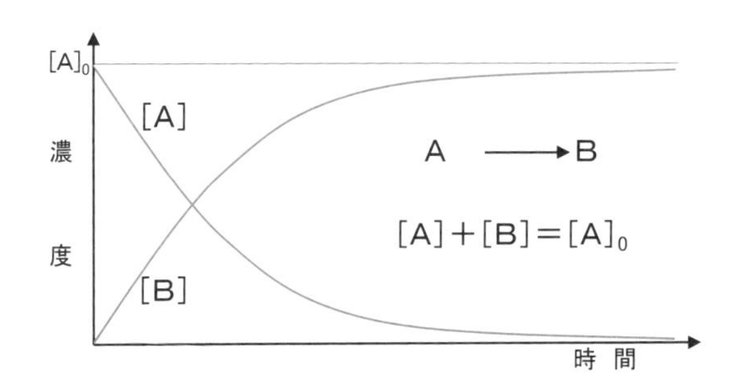

半 減 期

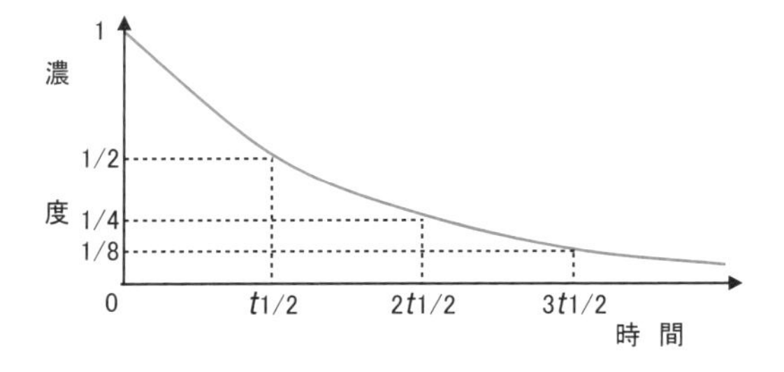

第２節　遷移状態

炭が燃えると熱くなる。これは炭素と酸素が反応して二酸化炭素になったことに由来する。しかし，反応はそんなに簡単ではない。

反応熱

炭素と酸素は反応して二酸化炭素になり，そのとき熱が発生するということは次のことに相当する。すなわち，炭素と酸素が別々の物質として存在する出発系より，二酸化炭素になった生成系の方が低エネルギーであり，その化学エネルギー差が熱エネルギーとなり，発熱したのである。

反応に伴なって発生する熱を反応熱という。そして，反応に伴なって熱を発生する反応を発熱反応，それに対して熱を吸収する反応を吸熱反応という。

遷移状態

反応は一般に高エネルギー側から低エネルギー側へ進行する。しかし，それならば自然界の炭素はすべて酸素と反応してしまい，現在まで炭素が地球上に残っているとは思えない。また，炭を燃やす時にはマッチで火をつけなければならない。発熱反応を起こすのになぜ熱を供給しなければならないのか。

炭素と酸素が反応するとき，一度に二酸化炭素ができるわけではない。途中でエネルギーの高い不安定状態を経由するのである。この状態を遷移状態という。遷移状態とは反応の途中に表われる不安定な状態のことであり，最もエネルギーの高い状態である。

炭素と酸素の反応では，図に示したような三角形状態の構造が考えられる。

活性化エネルギー

反応が進行するためにはこの遷移状態に登らなければならない。そのために必要とされるエネルギーを活性化エネルギーという。炭を燃やすためにマッチで火をつけるのはこの活性化エネルギーを供給するためである。反応が進行すれば，次の活性化エネルギーは反応熱で自動的に供給されることになる。

活性化エネルギーの大きい反応は，反応が進行するための障壁が大きいので，進行しにくいことになる。反対に活性化エネルギーの低い反応は，進行しやすい反応ということになる[1)]。

反 応 熱

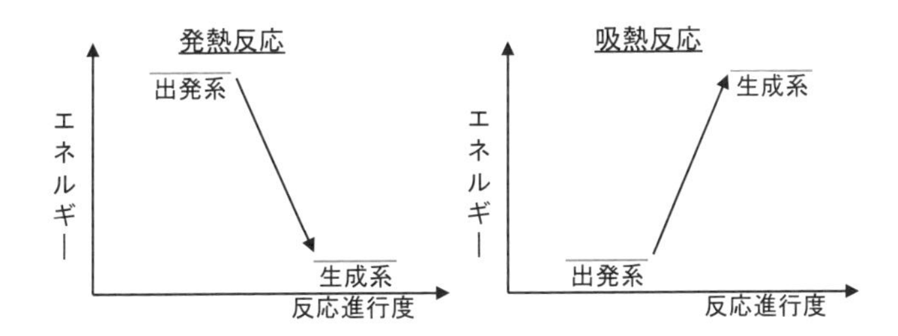

遷移状態

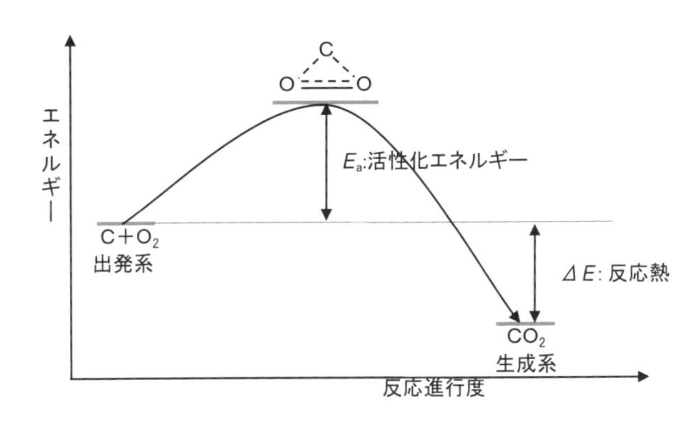

活性化エネルギー

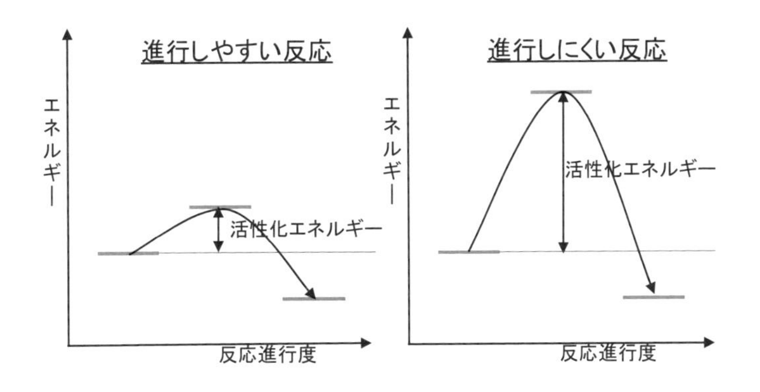

第3節　多段階反応

反応において，AはBになり，Bはさらに C になり，と次々に反応が続く場合もある。このような反応を多段階反応あるいは逐次(ちくじ)反応という。

反応とエネルギー

図は反応とエネルギーの関係である。反応は A → B と B → C の2つの反応の連続と見ることができる。したがって，各々の反応に遷移状態が表われている。このような反応の場合，途中の生成物 B を特に中間体ということがある[2)]。

中間体はエネルギーの谷に相当する。したがって，基本的に安定なものであり，条件を工夫すれば取り出して研究することができるものである。それに対して遷移状態は，エネルギーの頂上に位置し不安定状態である。

律速段階

二段階反応 A → B → C において各々の反応の速度は一般に異なる。反応 A → B は速く，反応 B → C は遅いとしよう。この場合，反応全体の反応速度はどうなるのだろうか。

この問題は例で考えるとわかりやすい。グループ登山を考えてみよう。脚の速い人も遅い人もいる。もし脚の速い人が先頭に立ったらその人は勝手に進み，脚の遅い人は取り残され，遭難する。そうならないためには脚の遅い人を先頭に立てればよい。この場合，グループ全体の登山速度を決めるのは，この足の遅い人である。反応速度も同じである。反応全体の速度を決めるのは遅い反応である。この反応は速度を律する反応なので，律速段階といわれる[3)]。

濃度変化

この反応の生成物の濃度変化は次の2つの場合がありうる。速度定数を k_1, k_2 とすると，一般に2つの定数は異なる。この反応を考えてみよう。

A　$k_1 > k_2$：この反応ではまずBが速く生成する。それからゆっくりとBがCに変化する。したがって，ある時期においてBの濃度が大きくなり，極大を取る[4)]。

B　$k_1 < k_2$：この場合には生成したBは直ちにCに変化してしまう。したがって，Bはほとんど存在することがなくなってしまう[5)]。

反応とエネルギー

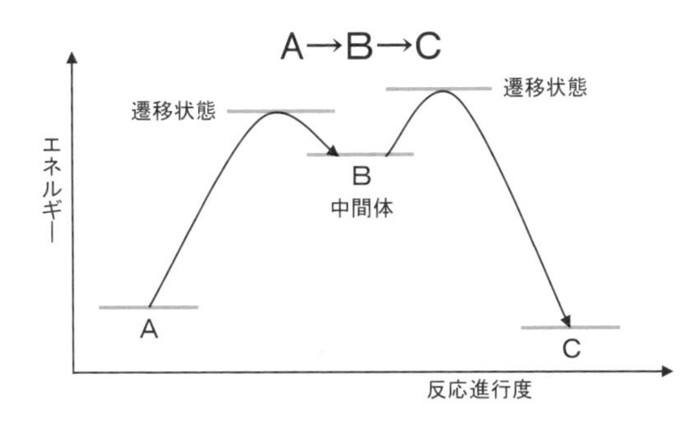

律速段階

濃度変化

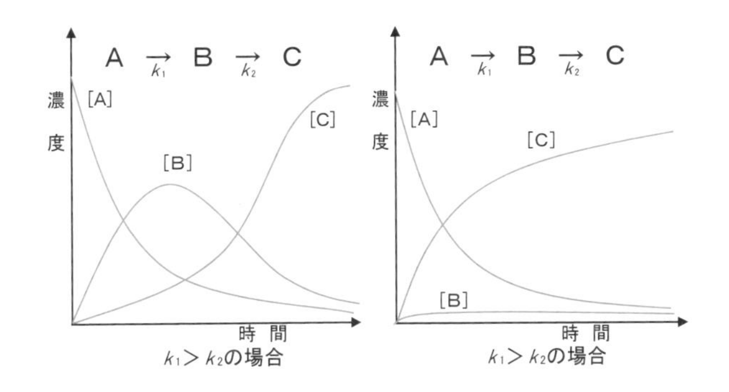

第4節　可逆反応

反応の生成物は安定とは限らない。生成物がまた元の出発物に戻ることもある。このような反応を可逆反応という。

可逆反応

出発物Aは反応して生成物Bになる。ところがBはまた反応してAに戻る時，この反応を，逆方向に進むこともできる反応という意味で可逆反応という。

一般に反応式の右に進む反応を正反応，左向きに進む反応を逆反応という。

正反応の速度定数をk正，逆反応の速度定数をk逆とすると，それぞれの速度式は（式1，2）となる。一般に$k_{正}$と$k_{逆}$は異なる。

平　衡

図は可逆反応の濃度変化を表わしたものである。反応が進行するとAはBに変化するのでAの濃度は減っていく。しかし，BはAに戻るので，Aの減少の仕方はだんだん緩やかになり，ついには見かけ上，変化しなくなる。

同様に，Bの濃度は反応進行と共に上昇する。しかし，やがてAに戻るものが出てくるので上昇の仕方は緩やかになり，やがて変化しなくなる。このA，Bの濃度が変化しなくなった状態を平衡（状態）という。

平衡では濃度変化はないが，決して反応が起こっていないわけではない。正反応も逆反応も起こっているが，それが吊りあっている状態なのである[6)]。

平衡定数

平衡状態とは，正反応と逆反応の速度が等しい状態である。そこで速度式(1)と(2)を互いに等しいとすると（式3）が導きだされる。

ここで，Kを平衡定数という。平衡定数は平衡状態における生成系と出発系の濃度比を教えてくれる。第1項において$k_{正}:k_{逆}=2:1$とすると，$K=2$となる。第2項の図はこの平衡定数の下における平衡状態を示したものである。出発系と生成系の濃度比［A］:［B］=1:2となっていることがわかる。

各平衡反応の平衡定数は温度と圧力などの条件が一定ならば常に一定である。しかし，温度や圧力が変化すれば平衡定数も変化する。

可逆反応

$$A \underset{k_{逆}}{\overset{k_{正}}{\rightleftarrows}} B$$

$$v_{正}=k_{正}[A] \qquad (1)$$

$$v_{逆}=k_{逆}[B] \qquad (2)$$

平　衡

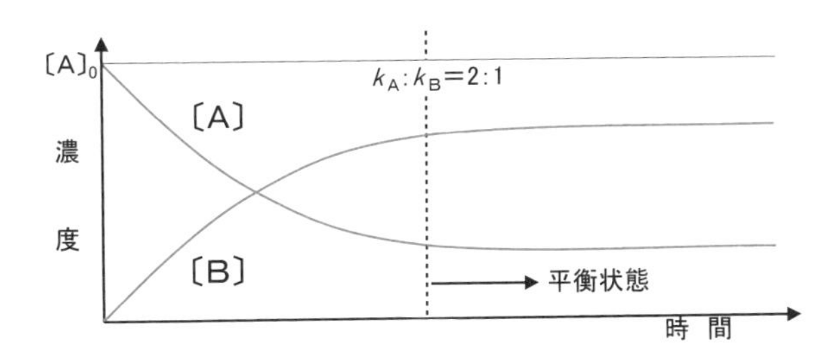

平衡定数

$$k_{正}[A]=k_{逆}[B]$$

$$K=\frac{[B]}{[A]}=\frac{k_{正}}{k_{逆}} \qquad (3)$$

第5節　ルシャトリエ[7]の法則

平衡状態にある系に，さらに，出発系の物質を加えたら反応はどのようになるのだろうか。このようなことを明らかにするのがルシャトリエの法則である。

濃度・温度変化

出発系Aと生成系Bが平衡状態にあり，その平衡定数が（式1）で表わされたとしよう。このように系を構成する物質が2種類の系を2成分系という。

この系にさらに，Aを［A]' だけ加えたとしよう。するとAとBの濃度比は（式2）で与えられる。系が平衡であるためにはこの比の値がKでなければならない。そのためには系はどのように変化すれば良いのか。

分母が大きくなったのだから，分母を減らし，分子を増やせばよい。すなわち，AをBに変えればよい。つまり，反応は正反応の方向に進むことになる。

正反応は発熱反応，逆反応は吸熱反応であるような反応を考えてみよう。この反応系に熱を加えて高温にしてみよう。系はどのように動くだろうか。系は熱を吸収して高熱を抑えるように動く。すなわち，反応は逆反応側に進行することになる。

圧力変化

AとBが反応してCになる反応を考えてみよう。A，B，Cはすべて気体であるとしよう。速度式や平衡式では，成分が気体の場合には濃度［A］ではなく，圧力P_Aで表現する。したがって，この系の平衡定数Kは（式3）となる。

この反応は正方向に進行すると分子の個数が減少する。すなわち，正方向に進行すると体積が減少するか，圧力が低下する反応である。

この反応が進行している容器に圧力を掛けて高圧にしたら，この反応はどうなるだろうか。系は体積を減らして圧力を軽減するように変化する。すなわち，反応は正方向に進行する。逆に系を低圧にしたら，反応は逆方向に進行することになる。このように，圧力が変化すると濃度も変化する。

ルシャトリエの法則

第1，2，3項のすべての場合で，系は加えられた変化を軽減して，なくする方向に動いている。このように平衡にある系は加えられた変化を吸収するように変化することを，発見者の名前をとってルシャトリエの法則という[8]。

濃度変化

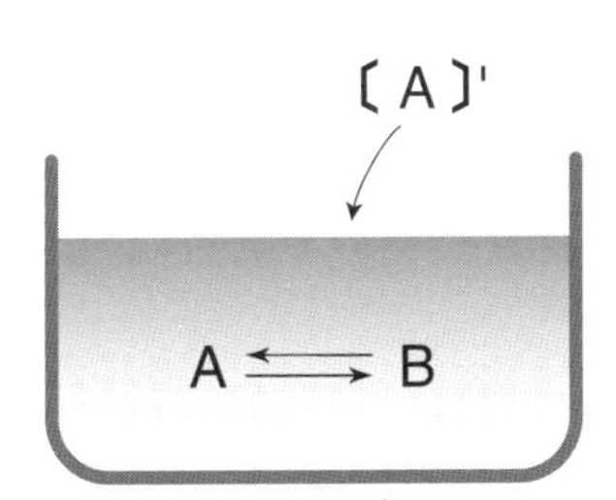

$$K=\frac{〔B〕}{〔A〕}\ :\ 一定 \quad (1)$$

$$変化 \curvearrowleft \frac{〔B〕}{〔A〕+〔A〕'} \quad (2)$$

A ⟶ B 進行

温度変化

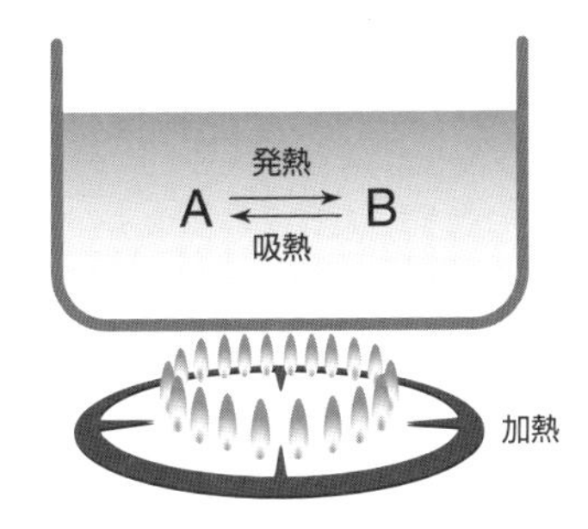

A ⟵(吸熱)— B 進行

圧力変化

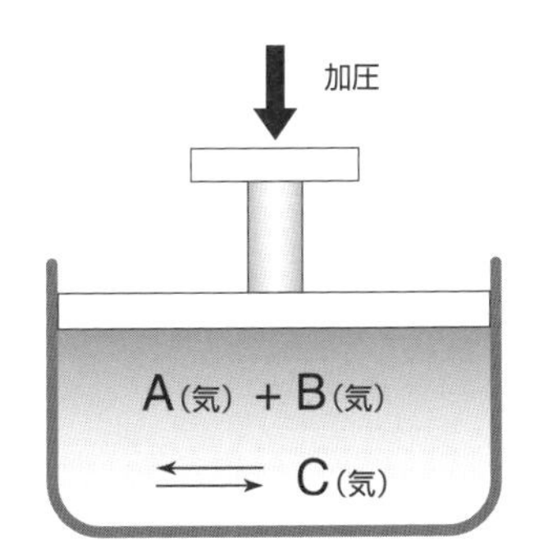

$$A_{(気)}+B_{(気)} \underset{体積増加}{\overset{体積減少}{\rightleftarrows}} C_{(気)} \quad (3)$$

$$A_{(気)}+B_{(気)} \xrightarrow{体積減少} C_{(気)}\ 進行$$

ルシャトリエの法則

$$A+B \underset{吸\ 熱}{\overset{発\ 熱}{\rightleftarrows}} C$$

条件変化	反応方向
A増加	正
加熱	逆
加圧	正

注

1)　反応の生成物には影響しないが，反応速度を速める物質を一般に触媒という。生化学反応を促進するタンパク質の一種，酵素も触媒の一種である。触媒の働きは遷移状態に作用してそのエネルギーを下げ，活性化エネルギーを減少させることである。

2)　Bは反応A→Bの生成物であり，反応B→Cの出発物である。

3)　グループワークの場合，グループの一員でありながら，ノロマでグループの脚を引っ張る人のことを「律速段階」というのはこのたとえである。

4)　この反応において目的物質がBだった場合，そのBを収率よく得るためには反応をBの極大値で止めるために，反応の終了時間を正確に計算する必要がある。

5)　この反応は中間体Bを無視してA→Bとして近似的に解析することができる。

6)　平衡状態は多くの場面で起きている。平時の人口も出生数（正反応）と死亡数（逆反応）が釣り合っている平衡状態である。しかし戦争や大規模の伝染病などが発生すると平衡は崩れて人口の変化が起こる。

7)　ルシャトリエ：アンリ・ル・シャトリエ（1850～1936年）。フランスの化学者。

8)　反応A＋B→C＋発熱　という反応を考えてみよう。目的物質はCとしよう。Cをたくさん得るためには反応を右側（正反応）に進行しなければならない。そのためにはルシャトリエの法則に従えば系を冷却しなければならない。しかし冷却したら反応速度は遅くなる。ということで，実際の反応では生成物の平衡比と反応速度のどちらを重視するかという駆け引きになる。多くの場合，平衡から見れば不利でも，多少加熱して反応速度を速めることになる。

演習問題

問1　半減期とはなにか？半減期の3倍の時間が経ったら出発物質の濃度はいくらになっているか。

問2　半減期の短い反応と長い反応では，どちらが速い反応か。

問3　遷移状態とはなにか。

問4　活性化エネルギーとはなにか。

問5　反応エネルギーとはなにか。

問6　触媒とはなにか。

問7　平衡状態とはどのような状態か。

問8　平衡定数が大きい反応とはどのような反応か。

問9　発熱反応を加熱することがあるのはなぜか。

問10　生成物が気体の反応の収率を上げるには圧力をどのようにすればよいか。

年代測定

古い木彫の像があったとしよう。いつ頃作られたものであろうか？ 500 年前か？ 1000 年前か？ 美術史家に任せれば，それなりの答えを出してくれよう。しかし，科学的に決定することはできないのか？ このような要望に応えて考案されたのが ^{14}C を用いる年代測定である。

炭素には ^{12}C，^{13}C，^{14}C の 3 種の同位体があるが，^{14}C だけが放射性であり，β 崩壊して ^{14}N となる。半減期は 5730 年である。

成長している樹木は空気中の二酸化炭素 CO_2 を吸収する（光合成）。したがって樹木の ^{14}C 濃度は空気中の濃度と同じである。しかし，樹木が切り倒されて木材となった瞬間に光合成は終わりとなる。この時から先は，^{14}C が半減期にしたがって ^{14}N に変化する。すなわち，切り倒されてから 5730 年経つと ^{14}C 濃度は半分になり，11460 年経つと四分の一となる。

したがって，木材中の ^{14}C 濃度を測れば切りだされた年代はわかり，木彫の作られた年代はそれよりも後ということになる。

問題 この論法は正しいか？

解 この論法が成立するためには，大気中の ^{14}C 濃度は変化しないという条件が必要である。実際は，^{14}C は地球内部の核反応などで常に補給され，濃度は一定に保たれている。したがって論法は成立する。

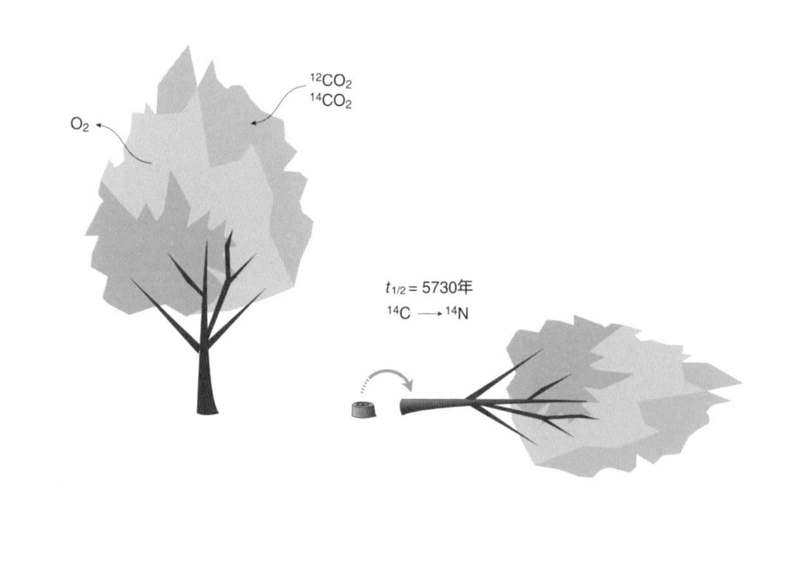

第11章
化学熱力学

物質の変化を支配するのはエネルギーである。化学現象をエネルギーの側面から解明しようとする学問を化学熱力学という。

第1節　内部エネルギー

分子はいろいろのエネルギーを持っている。そのうち，重心の移動に伴うエネルギー（並進エネルギー）以外のエネルギーをまとめて内部エネルギー（U）という。

結合エネルギー

内部エネルギーの中で最も化学的なエネルギーのひとつが，結合エネルギーである。結合エネルギーは原子と原子を結びつけるエネルギーである。具体的にいえば，結合している2個の原子を切断してバラバラにするために要するエネルギーである。

結合エネルギーは，結合の種類，結合している原子の種類，さらに，同じ原子同士の共有結合でも，C－C，C＝C 結合など，結合の多重度によっても異なる。

いくつかの結合のエネルギーを表に示した[1]。

振動回転エネルギー

分子は彫像のように静止しているわけではない。常に動き変形している。これを分子の運動エネルギーという。内部エネルギーとしての運動エネルギーには，振動エネルギーと回転エネルギーがある。振動エネルギーはさらに，結合の伸び縮みによる伸縮振動と，結合角度の変化による変角振動がある。

内部エネルギー U

内部エネルギーには上で見た結合エネルギーや運動エネルギーのほかに，原子構造に基づくものとして，電子と原子核の間の静電引力がある。さらに，原子核を構成するエネルギーとして陽子と中性子の間の引力がある，など，内部エネルギーの種類には限りがない。

結局，内部エネルギーの総量を決めることは不可能なのである。実はそれでもかまわない。化学熱力学で用いるのはエネルギー差（$\varDelta E$）であり，エネルギーの絶対値ではないのである[2]。

結合エネルギー

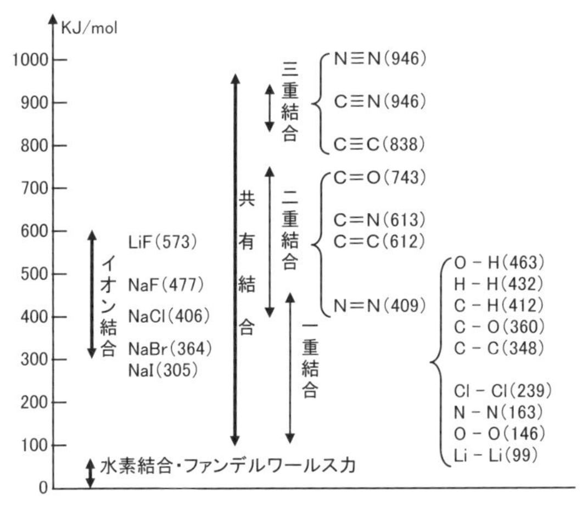

『絶対わかる化学の基礎知識』講談社，p53，図1(2004) より

振動回転エネルギー

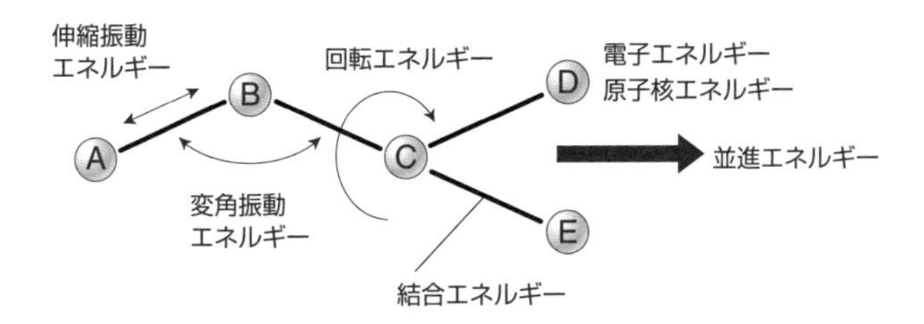

内部エネルギー

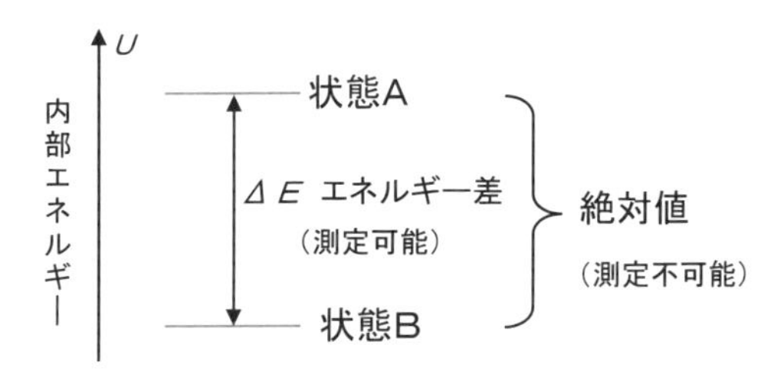

第2節　ヘス[3]の法則

化学反応に伴うエネルギーの中には，実験によって実証的に求めることのできないものもある。このようなエネルギーを理論的に求める方法を示してくれるのが，発見者の名前をとったヘスの法則である。

ヘスの法則

分子は複数種類の複数個の原子からなる組織体である。一般に分子は原子より低エネルギーであり安定である。原子から分子ができることによって安定化したエネルギーを生成エネルギーという。

ヘスの法則は実際には測定困難な反応エネルギー，生成エネルギーを与えてくれるものである。

ヘスの法則によれば，出発系と生成系が決まれば，その生成エネルギーは反応の径路にかかわらず一定である。すなわち，出発系と生成系のエネルギーが定まっていれば，その反応径路は図に示したどの径路であろうとも，生成エネルギーは常に一定の $\varDelta E$ であるというものである。

実　例

グラファイト（黒鉛）とダイヤモンドは炭素の同素体である。しかし，価格は雲泥の差がある。それでは，グラファイトとダイヤの間には，どれだけのエネルギー差があるのだろうか？　グラファイトにどれだけのエネルギーを加えれば，ダイヤになるのだろうか？　このような反応は実際には進行しないので，実験的に求めるのは不可能である。ヘスの法則によって求めるしかない。

図はグラファイトとダイヤに関係するエネルギーの関係である。グラファイトを燃焼すると，二酸化炭素と共に炭素1モル当たり393.5 kJのエネルギーを発生する。一方ダイヤを燃焼すると二酸化炭素と共に，395.40 kJのエネルギーを発生する。

この二つのエネルギーは二酸化炭素を仲立ちにして結合することができる。その関係を図に示した。この図から，グラファイトとダイヤの間のエネルギー差は1.89 kJであることがわかる。すなわち，グラファイトにこれだけのエネルギーを与えれば“理論的には”グラファイトをダイヤに変えることができることになる[4]。

生成エネルギー

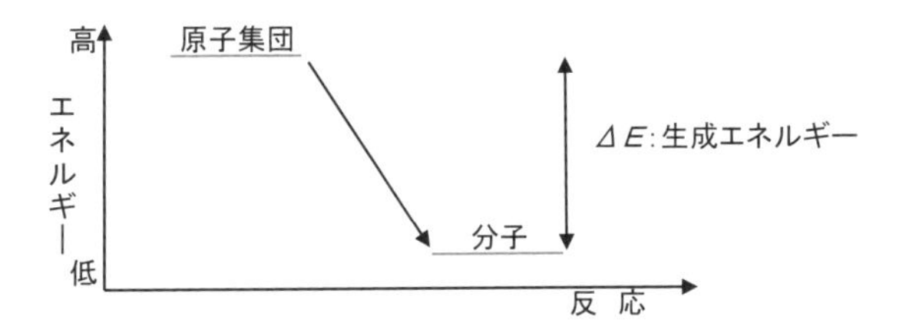

ヘスの法則

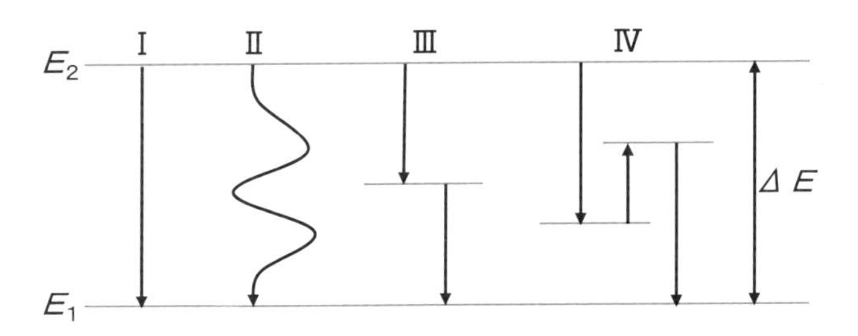

実　例

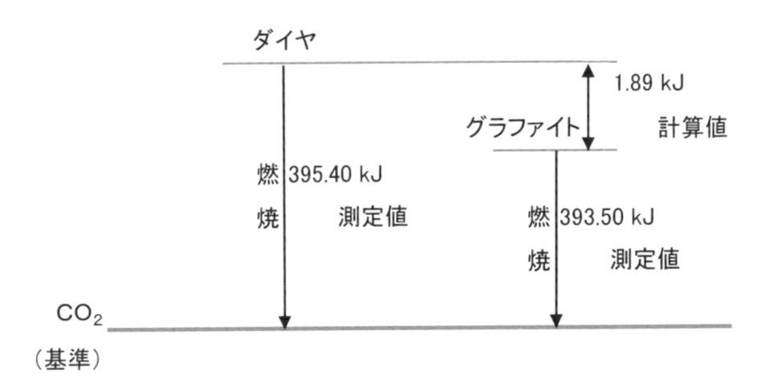

第3節　定容変化と定圧変化

化学反応には発熱反応と吸熱反応がある。このように，化学反応には熱（エネルギー）の出入りが伴う。しかし，出入りするエネルギーの量は反応が起こるときの条件によって異なる。

熱と仕事とエネルギー

熱を使って機械を動かし，物体を持ち上げれば位置エネルギーが上昇する。このように熱や仕事はエネルギーに変形することができる。すなわち，熱（Q），仕事（W），エネルギー（一般に E，内部エネルギーは U）は同じものが姿を変えただけなのである。

熱力学では，系に加えられた熱エネルギーをプラスにとり，系から出たものをマイナスに取る約束になっている。

定容変化と定圧変化

反応は二種類に分けることができる。定容反応と定圧反応である。定容反応は容積（体積）一定の条件下で起こる反応であり，具体的には鋼鉄製のボンベの中で起こるような反応である。液体が気体になる気化反応がボンベの中で起こったら，ボンベの中は高圧になる。このように定容反応では圧力は変化するが容積は一定である。

定圧反応は圧力一定の条件下で起こる反応である。実験室の反応のように，多くの実験は1気圧の大気下で起こるので定圧反応である。風船のように自由に体積を変えることのできる容器の中で気化反応を行ってみよう。風船は膨らんで体積を増やす。このように定圧反応では，圧力は一定（大気圧，1気圧）であるが体積は変化する。体積が変化するということは，外界の空気を押したことになる。すなわち，外界に対して仕事をしたことになる。

定容変化と内部エネルギー

定容反応の容器を加熱して熱（Q）を与えたとしよう。熱は容器の中の反応系に伝えられ，その結果系の内部エネルギーが上昇する。すなわち，外部から加えられた熱は，そっくり系の内部エネルギー変化（$\varDelta U$）に使われる。

$$Q = \varDelta U$$

熱・仕事・エネルギー

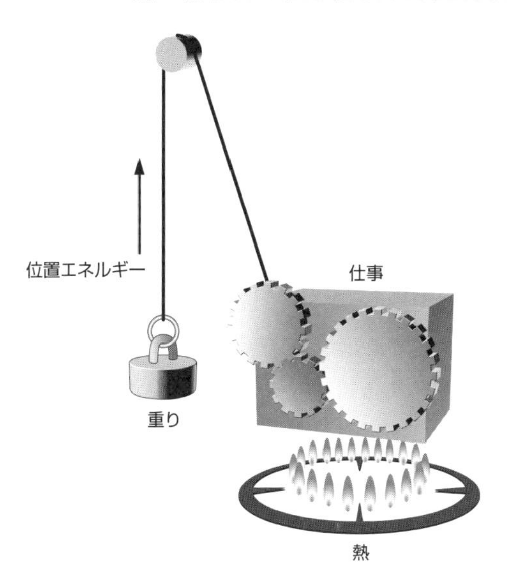

定容変化と定圧変化

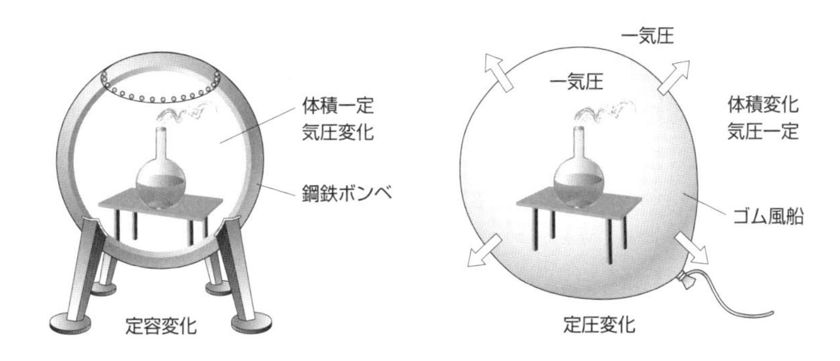

定容変化と内部エネルギー

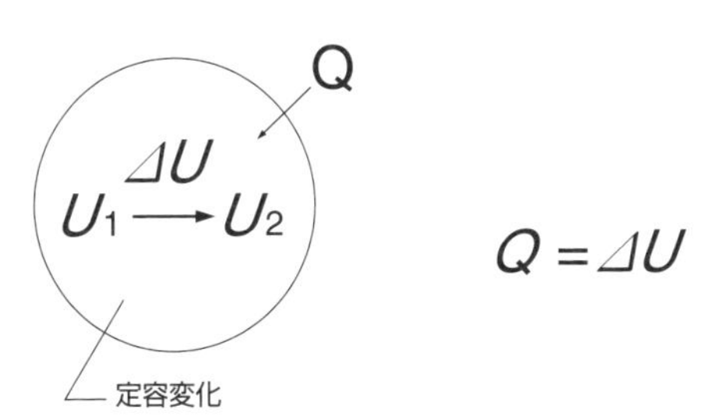

$$Q = \Delta U$$

第4節　エンタルピーとエントロピー

変化は他の条件が一定ならばより乱雑になるように進行する。これは宇宙の習性のようなものである。

定圧変化とエンタルピー

圧力（P）の下に置かれたピストンの中で反応をしたと考えてみよう。気化反応が起こり，気体が発生するとピストン内部の圧力は高まり，ピストンの蓋は押されて Δh だけ移動し，ピストンの内容積は ΔV だけ増える。これはピストンが外部に対して $P\Delta V$ だけの仕事（W）を行ったことに相当する。

定圧条件下で反応をする系に熱（Q）を加えたとしよう。この熱はどのように使われるだろうか？定圧変化であるから体積変化という仕事（W）を伴なう。すなわち，加えた熱（Q）は仕事（W）と内部エネルギー変化（ΔU）に使われることになる。

$$Q = \Delta U + W = \Delta U + P\Delta V$$

となる。この時，Q を ΔH と書き換えてエンタルピーと呼ぶことにする[5]。

$$Q = \Delta H = \Delta U + P\Delta V$$

整然と乱雑

小学生を整列させる。先生がいなくなったらどうなるだろうか。子供たちは雑然とした状態で遊びに興じているだろう。中央で仕切った容器のそれぞれの部屋に同じ体積の酸素と窒素を入れてみよう。仕切りを取り払ったらどうなるだろうか？両方の気体は交じり合い均一な混合物になる。このように，区分けされた整然とした状態はいつか雑然とした混沌状態に変化する。

エントロピー

系の乱雑さを表わす量としてエントロピー（S）が定義されている。S が大きいほど乱雑さは大きくなる。すなわち，宇宙の変化はエントロピーの増大する方向に変化するのである[6]。熱（Q），温度（T），エントロピーの間に次の関係があることがわかった。

$$\Delta Q = T\Delta S$$

この式は乱雑さと熱を結びつけるものであり，大切な式のひとつである[7]。

エンタルピー

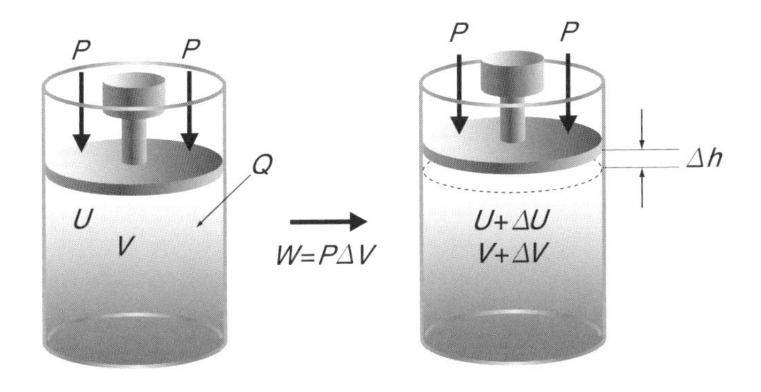

$$Q = \Delta U + P\Delta V$$

エンタルピー　$\Delta H = \Delta U + P\Delta V$

エントロピー

第5節　ギブズ[8] エネルギー

A → B の反応は何故 A から B に変化するのだろうか。反応の方向を決定するのはどのような力なのであろうか。それを教えてくれるのがギブズエネルギーである。

反応の方向を決定するもの

9—4 節で，反応はエネルギーの高いところから低いところへ移動することを見た。定圧反応ならば，エンタルピー（H）の高い状態から低い状態へ変化することになる。一方，前節で，反応はエントロピー（S）の増加する方向へ変化することを見た。これは，反応の方向を決定する要素が H と S の 2 つあることを意味する。

これは，反応という馬車を引く馬が二頭いることを意味する。H と S である。H と S が別々の方向を向いたのでは，馬車はどちらへ進めばよいのかわからなくなる。

ギブズエネルギー

H と S を同じ方向に向かせるには両方の単位を揃えてやれば良い。前節でエントロピー（S）に温度（T）を掛けると熱（Q）になることを見た。熱はエンタルピーの成分である。したがって，エントロピーを熱に変えてエンタルピーと合体させれば，二頭の馬は一頭にまとめられることになる。このようにしたのがギブズエネルギー（G）である。G は次のように定義される。

$$\Delta G = \Delta H - T\Delta S$$

ギブズエネルギーを用いると反応の方向は次のように予言することができる

◎　定圧変化はギブズエネルギーの減少する方向に進行する。

なお，定容変化ではギブズエネルギーの変わりにヘルムホルツエネルギー A を用いて次のようにいうことができる。

◎　定容変化はヘルムホルツエネルギーの減少する方向に進行する。

$$\Delta A = \Delta U - T\Delta S$$

反応の方向

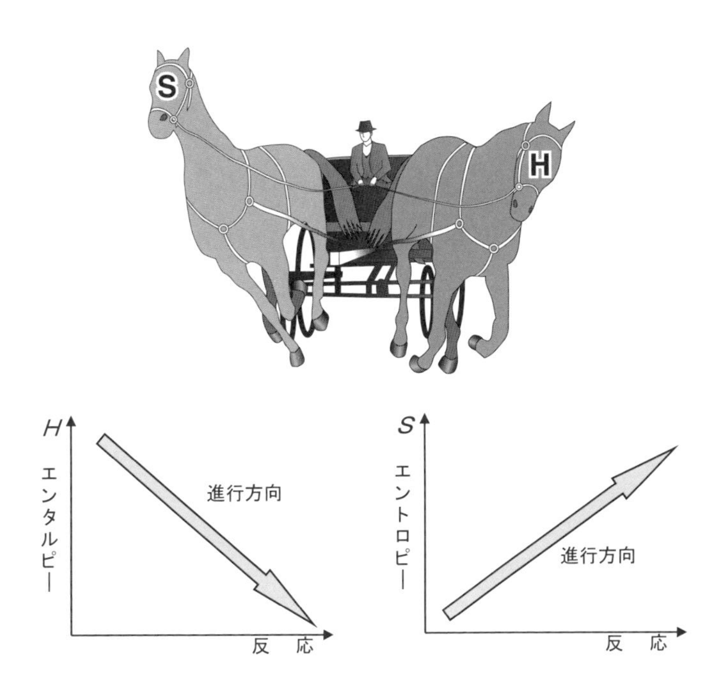

ギブズエネルギー

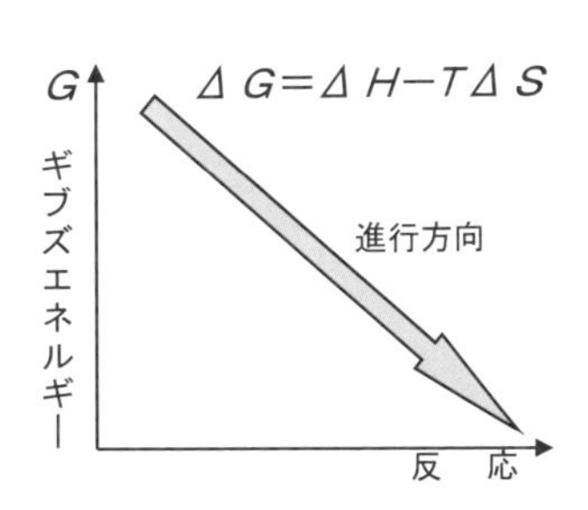

注

1）共有結合エネルギーは一重結合＜二重結合＜三重結合の順に大きくなり，イオン結合は二重結合と同じレンジ，と考えることが出来る。そして，共有結合でもイオン結合でも，結合する原子の間の電気陰性度の差が大きいほど結合エネルギーも大きい。また，水素結合，ファンデルワールス力などの分子間力は非常に小さいことが分かる。

2）アインシュタインの相対性理論によれば，質量 m とエネルギー E は光速 c を介して有名なアインシュタインの式 $E=mc^2$ で結ばれる。してみれば分子の内部エネルギーの総量も $E=mc^2$ で求められるのだろうが，その内訳，つまりエネルギーの種類は当分の間不明のままであろう。

3）ヘス：ジェルマン・アンリ・ヘス（1802～1850年）。スイス生まれのロシアの化学者。

4）1954年アメリカのジェネラルエレクトリック社は炭素に10万気圧下，2000℃の温度を掛けてダイヤモンドにすることに成功した。

5）要するに定圧変化では外部から加えたエネルギー Q のうち，内部エネルギー U として系に蓄えることができるのは，外部に対して行った仕事のエネルギー $P\varDelta$V を差し引いた分だけだということである。

6）このため，宇宙のエントロピー量は増大し続ける。そのためエントロピーは宇宙時計と言われることもある。

7）式 $Q=TS$ から式 $S=Q/T$ が求まる。体温36℃（絶対温度309度の指で氷（絶対温度273度）に触れてみよう。両者の間で移動する熱量を $\varDelta Q$ とすると，熱が指にいた場合のエントロピーは $\varDelta Q/309$ であり。氷にいる場合には $\varDelta Q/273$ で氷にいた場合の方が大きい。そのため指で氷に触れると指に熱が氷に移動するので指は冷たく感じるのである。

8）ジョサイア・ウィラード・ギブズ（1839～1903年）。アメリカ出身の数学者・物理学者・物理化学者で，エール大学教授。

演習問題

問1　内部エネルギーを構成する主なエネルギーを言え。

問2　ダイヤモンドとグラファイトで，安定なのはどちらか。

問3　実験台で普通に行う反応は定圧反応か，それとも定容反応か。

問4　定容反応と定圧反応の本質的な違いはなにか。

問5　圧力 P の下で体積を $\varDelta V$ だけ変化した時の仕事量はいくらか。

問6　定容反応で系に熱 Q を加えると，それは何に使われるか。

問7　定圧反応で系に熱 Q を加えると，それは何に使われるか。

問8　エンタルピー H とはなにか。

問9　エントロピー S とはなにか。

問10　ギブズエネルギー G とはなにか。

電気自動車

地球温暖化を防ぐためには二酸化炭素の発生を抑えなければならず，そのためには化石燃料の使用を抑えなければならない。しかしエネルギーがなければ社会は成り立たないが，かといって，太陽電池や風力発電などの再生可能エネルギーだけでは不足する。

ということで最近注目されているのが水素エネルギーである。水素を燃やせば水とエネルギーが発生し，環境汚染物質は一切発生しない。自動車も例外ではなく，石油で走るのではなく，水素で走ることが求められている。

水素で走るためには２種類の方法があり，１つは現在のエンジンで水素ガスを燃やす方法，もう１つは水素燃料電池で電力を作り，それでモーターを回す電気自動車である。なお電気自動車は発電所で作った電力で走ることもできる。

この場合の基本的な問題は，水素は自然界には存在しないということである。水素の作り方はいろいろあるが，水の電気分解にしろ，化石燃料の分解にしろ，エネルギーが必要ということであり，そのエネルギーをどこから得るのか，という堂々巡りの議論になる。

充電中の電気自動車

充電器

第Ⅴ部

生命の化学

第12章

生命の化学

現代の化学は作りたいと思うものは，ほとんどすべてを合成できる。DNAの雛形（ひながた）でさえも簡単に合成できる。しかし，多分，生命を作ることはまだ不可能なので“あろう”。“あろう”というのは，もしかしたら“可能”かもしれないということである。なぜ，そのような不確かな状態なのかというと，実は生命の定義がはっきりしないからである。

第１節　生命体の条件

生命体の定義は必ずしも明確ではない。しかし，現在の最大公約数的な定義は次のようなものであろう[1)]。

① 細胞膜で仕切られた細胞をもっていること。
② 自分で自分を生存させる力があること。
③ 自分を増殖させる力があること。

細胞構造

細胞は生命を入れる箱である。単細胞生物がいるように，細胞は生命を維持するために必要なものをすべてそろえている。典型的な細胞には，遺伝を司る染色体の入る核があり，タンパク質を作るリボソームがあり，生命を維持するための生化学反応を推進するための酵素が揃っている。しかしウイルスは細胞構造を持っていない。したがってウイルスは生命体ではない。

自己増殖

生命体の大きな条件は自己増殖ができることである。存在し続けるだけでは生命体とはいわない。自分と同じものを作らなければならない。これは，一般に遺伝といわれる。細胞において遺伝を司るのは核であり，核の中にある染色体である[2)]。

染色体を構成する中心化合物は核酸であり，DNA である。DNA は細胞分裂に伴って自身も分裂，複製し，新しい細胞に入ってゆく。この時，遺伝に関する情報が新しい細胞に入って行くことになるのである。すなわち，DNA は遺伝に関する総司令官のようなものである。

生存能力

動物，植物は自分の命を養うための食物，水分などを自分の力で摂取することができる。細菌（微生物）も同様である。ところがウイルスはそれができない。ウイルスは宿主に寄生して宿主の養分をかすめ取って生きている。したがってウイルスは生命体ではない。

生命体と非生命体

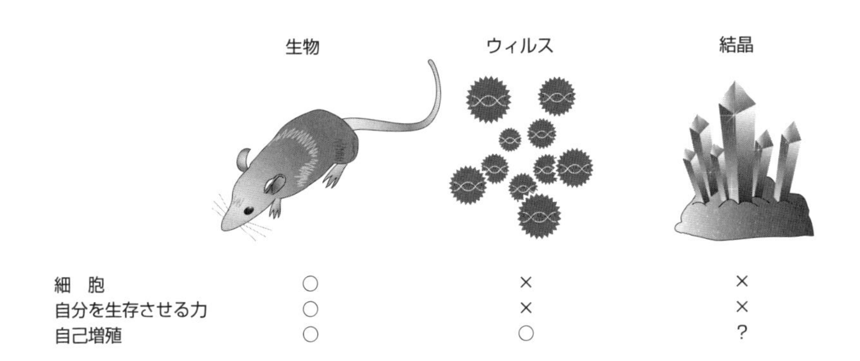

	生物	ウィルス	結晶
細　胞	○	×	×
自分を生存させる力	○	×	×
自己増殖	○	○	?

細　胞

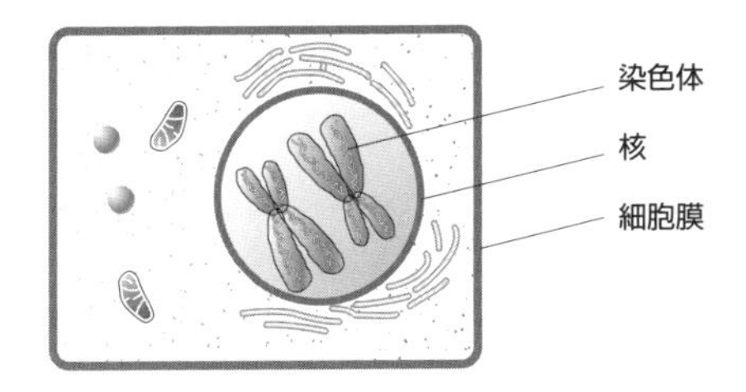

染 色 体

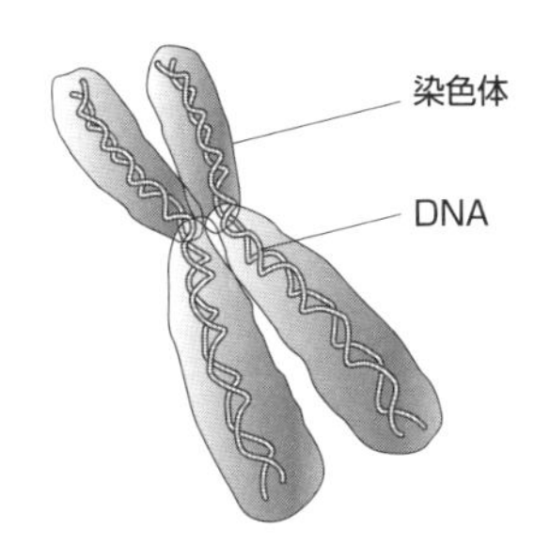

第2節　細胞膜

細胞膜は細胞と外界を隔てる壁である。細胞膜は一般に分子膜といわれ，シャボン玉と似たようなものである。

界面活性剤

砂糖（スクロース）は水に溶けるが油に溶けない。反対にバターは水に溶けないが油に溶ける。これは砂糖分子はヒドロキシ基（OH）をたくさん持ち，分子構造が水に似ている。それに対してバターの構造は油に似ているからである。このように，“似た構造のものは似た構造のものを溶かす”といわれる。

石鹸や中性洗剤は，分子の中に水に似て水に溶ける部分（親水性部分）と油に似て油に溶ける部分（親油性部分，疎水性部分）の両方を持つ。このような分子を界面活性剤，あるいは両親媒性分子という。

分子膜

両親媒性分子を水槽の水に溶かすと，分子は水面に並び，親水性部分を水中にいれ，親油性部分を空中に突き出す。両親媒性分子の濃度を高めると，水槽の表面は分子にビッシリと覆われる。この状態は，分子でできた膜に見えるので分子膜といわれる。分子膜は重ね合わせることができる。2枚の分子膜が重なったものを二分子膜という。

分子膜は色々の形態をとることができるが，袋になることもできる。二分子膜でできた袋をベシクルという。シャボン玉はこのようなベシクルであり，2枚の分子膜の間に水が挟まった構造である[3)]。

細胞膜

細胞膜はシャボン玉と似ている。違いは，シャボン玉では親水性部分が合わさっているのに対して，細胞膜では親油性部分が合わさっていることである。分子膜を作る分子は，ただ単に“集まっている”だけで結合はしていない。従がって，分子膜からできた細胞膜を作る分子は，ある時は細胞膜を作っているが，次の瞬間には細胞膜から飛び出しているのである。

細胞膜にはタンパク質や脂肪などの“不純物”が挟みこまれている。しかし，これらも結合しているのではなく，自由に細胞膜から出入りしているのである。

界面活性剤

親油性部分
（疎水性部分）

$H_3C(CH_2)_n - CO_2^{\ominus}\ Na^{\oplus}$

$H_3C(CH_2)_n - \overset{\oplus}{N}(CH_3)_3Cl^{\ominus}$

親水性部分

分子膜

空気

水

分子膜

二分子膜

ベシクル

水

空気

ベシクル

シャボン玉

細胞膜

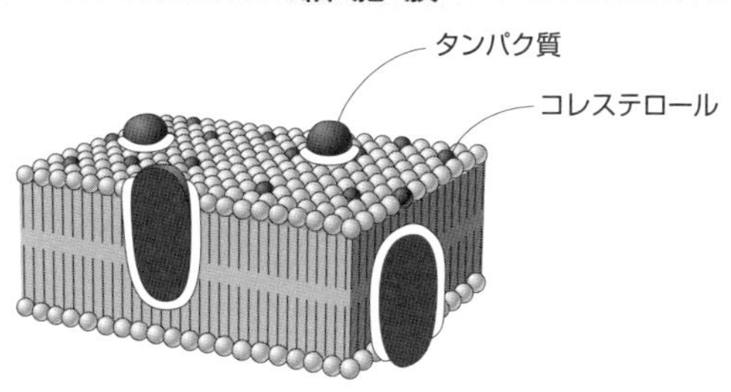

第3節　タンパク質

タンパク質は肉と同義語として使われることが多い。焼肉の原料とだけ考えられては，タンパク質としては不満であろう。

タンパク質の構造

第5章で見たように，タンパク質は天然高分子の一種であり，20種類ほどのアミノ酸がアミド結合することによってできた長大な分子である。

A　タンパク質の一次構造

タンパク質の構造を決める最も基本的な要素は，アミノ酸の並ぶ順序である。アミノ酸の配列順序をタンパク質の一次構造という。

B　タンパク質の二次構造

アミノ酸の中にはヒドロキシ基（OH）や，チオール基（SH）を持つものがある。第2章で見たように，OH同士は水素結合によって結びつく。SHも同様である。このような効果によって，タンパク質は特有な形に畳まれる。畳まれ方には二通りあり，ひとつは畳まれてラセンになるものでこれをαヘリックスという。もうひとつは平面になるもので，これをβシートといい，これらを二次構造という[4)]。

C　タンパク質の高次構造

図Aのタンパク質の構造はαヘリックスとβシートの組あわせで決まる。図Cは酸素を運搬するタンパク質，ヘモグロビンである。これは，図Bのミオシンのようなタンパク質が4個集合したものである。集合の仕方には規則がある。タンパク質の構造はこのように非常に複雑である。そのため，人類はまだタンパク質の合成には成功していない。

タンパク質の機能

タンパク質は動物の筋肉を作り体の骨格を作る。しかし，タンパク質は植物にも含まれる。

生体におけるタンパク質の中で最も大切なのは酵素であろう。酵素は生体における触媒であり，細胞で行われる種々の化学反応を進行させる現場監督である。すなわち，遺伝総司令官であるDNAの指令に基づいて，遺伝情報を形にするのが酵素であり，タンパク質なのである。

一次構造

$$\cdots\cdots \mathrm{CO-\underset{|}{\overset{R_1}{C}}H-NH-CO-\overset{R_2}{C}H-NH-CO-\overset{R_3}{C}H-NH}\cdots\cdots$$

二次構造

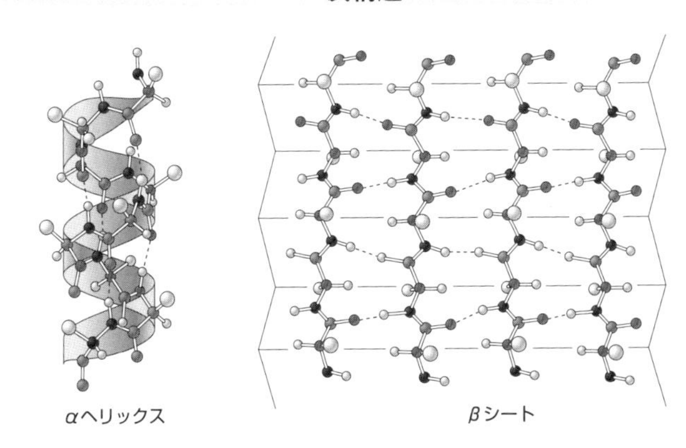

高次構造

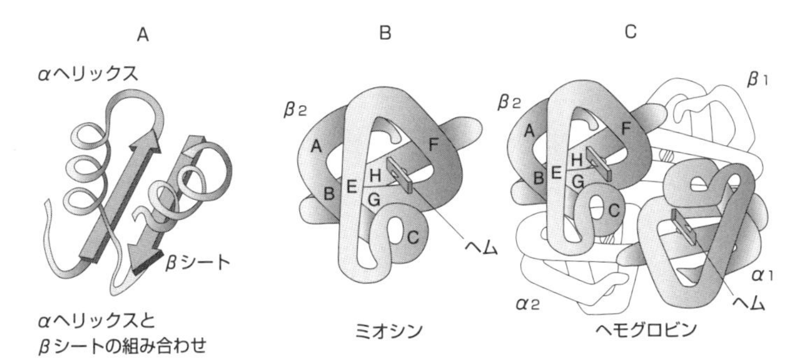

機　能

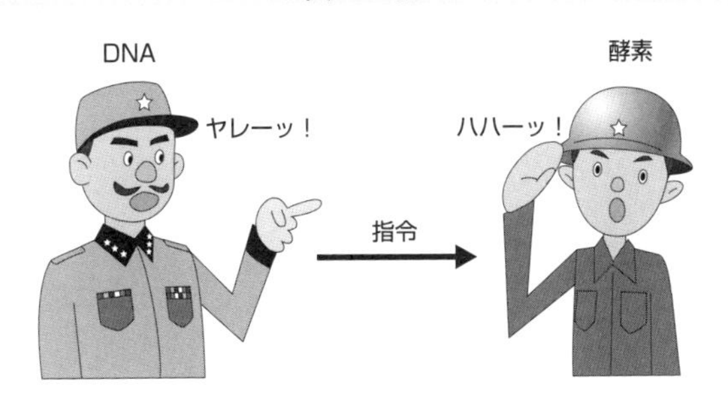

第4節　脂質・微量物質

生体にはいろいろの物質が含まれている。それらの物質が互いに連絡し，調和を取りながら生命という音楽を奏でていくのである。

油　脂

すべての油脂はエステルの一種である。油脂のアルコール部分は，どのような脂肪でも同じ分子であり，グリセリンである。それに対してカルボン酸部分は，脂肪酸といわれ，各種の脂肪に特有なものである。

炭素鎖が，おおむね12より少ないものを低級脂肪酸，多いものを高級脂肪酸という。炭素鎖に二重結合を含むものを不飽和脂肪酸，含まないものを飽和脂肪酸という。植物油や魚油には，不飽和脂肪酸が含まれ，魚油に含まれるEPAやDHAは不飽和高級脂肪酸である[5)]。

ホルモン

微量で生体の機能を調節し，バランスを保つ物質がある。そのうち，特定の臓器で生産され，血管を通って他の臓器に運ばれ，そこで機能を発揮するものをホルモンという。

ホルモンには各種のものが知られている。性ホルモンも，そのひとつであり，男性ホルモンや女性ホルモンがあるが，その骨格構造は同じで，ステロイドと呼ばれるものである。ステロイド骨格は性ホルモンだけでなく，生体物質に広く取り入れられている重要な骨格である[6)]。

ビタミン

生体調節機能を持つ微量物質のうち，ヒトが自分で作れないものをビタミンと呼ぶ。ビタミンは水に溶ける水溶性ビタミンと，水に溶けない脂溶性ビタミンに分けることができる。

水溶性ビタミンにはビタミンB，Cなどがある。ビタミンBが不足すると，脚がむくむ脚気になり，Cが不足すると歯ぐきから血が出る口内炎になる。

脂溶性ビタミンには，ビタミンAなどがある。ビタミンAは有色野菜に含まれるカロテンが体内で分化することによって生成する。

油　脂

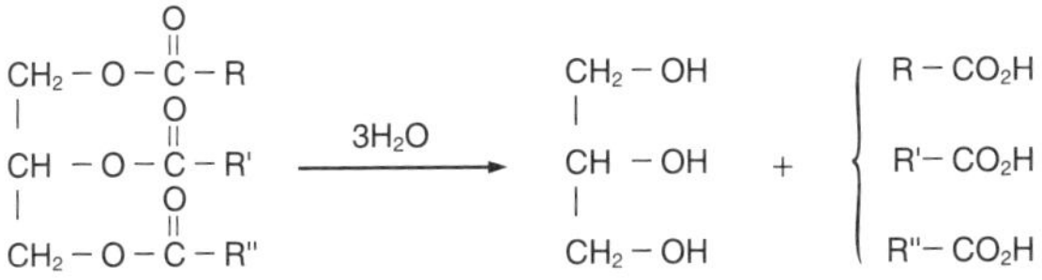

$$\begin{array}{l} CH_2-O-\overset{O}{\overset{\|}{C}}-R \\ | \\ CH\ -O-\overset{O}{\overset{\|}{C}}-R' \\ | \\ CH_2-O-\overset{O}{\overset{\|}{C}}-R'' \end{array} \xrightarrow{3H_2O} \begin{array}{l} CH_2-OH \\ | \\ CH\ -OH \\ | \\ CH_2-OH \end{array} + \left\{ \begin{array}{l} R-CO_2H \\ \\ R'-CO_2H \\ \\ R''-CO_2H \end{array} \right.$$

油脂　　グリセリン　　脂肪酸

$HO_2C-CH_2-CH_2-CH=CH-CH_2-CH=CH-CH_2-CH=CH-CH_3-CH_2-CH=CH-CH_2-CH=CH-CH_2-CH=CH-CH_2$

ドコサヘキサエン酸（DHA）

$HO_2C-CH_2-CH_2-CH_2-CH=CH-CH_2-CH=CH-CH_2-CH_3-CH_2-CH=CH-CH_2-CH=CH-CH_2-CH=CH$

イコサペンタエン酸（EPA）

ホルモン

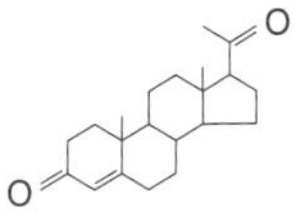

プロゲステロン 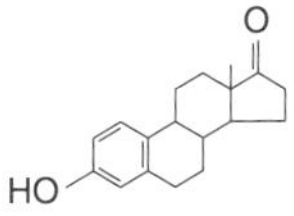　　エストロン

女性ホルモン

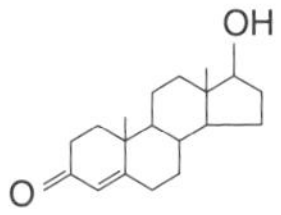

テストステロン

男性ホルモン

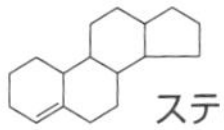

ステロイド骨格

ビタミン

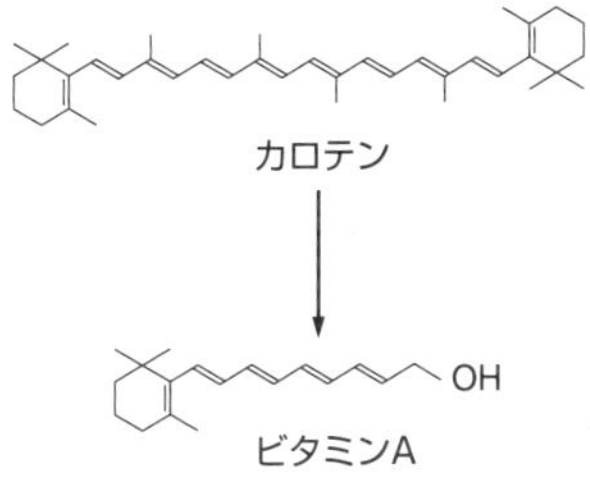

カロテン

↓

ビタミンA

第5節　DNAの構造と複製

遺伝に際して親の性質を子供に伝えるのはDNAと呼ばれる核酸[7]である。DNAは非常に長い高分子であり，ヒトのDNA1分子の長さは10 cm以上である。したがって，23対の染色体のDNAをあわせると2.5 mほどにもなる。

DNAの構造

DNAは基本鎖とそれに結合した塩基からなる。塩基にはアデニン（A），グアニン（G），シトシン（C），チミン（T）の4種がある。したがって，DNAは4種の宝石がぶら下がった長大なネックレスと考えることができる。

各塩基には，ヒドロキシ基（OH）が付いており，他の塩基と水素結合を作ることができる。しかしヒドロキシ基の位置関係によって，水素結合できる組とできない組がある。水素結合できるのはA—T，G—Cの組だけである。

二重ラセン

DNAは2本の分子が縒り合わさって，二重のラセンになっている。2本のDNAの間では，A—T，G—Cの塩基が厳密に対応しており，すべての塩基の間で水素結合が形成される。細胞分裂に伴ってDNAも分裂する。その方法は，まず二重ラセンが解けて1本ずつのDNA分子になり，それぞれを鋳型にして新しい二重ラセンができるのである。しかし，DNAは完全に解けるのではなく，端から部分的に解け，そして，解けた部分から順次複製されていく。

DNAの複製

DNA複製の模式図を示した。元の2本のDNAをそれぞれ旧A鎖，旧B鎖としよう。旧二重ラセンが解けて旧A鎖だけになったところには，塩基が集まってきて，旧A鎖の塩基に対応する塩基が水素結合で結び付く。このように塩基が配列したところで新しい塩基の間で結合が起こると，新しいDNA鎖ができることになる。この部分の塩基配列は旧B鎖に等しい。すなわち，旧A鎖を鋳型にして新B鎖が複製されたことになるのである。元のB鎖に関しても同じ現象が起こる。このようにして，旧A鎖—旧B鎖だったDNAは，旧A鎖—新B鎖，新A鎖—旧B鎖という2組のDNAに再生されたのである。

染色体とDNA

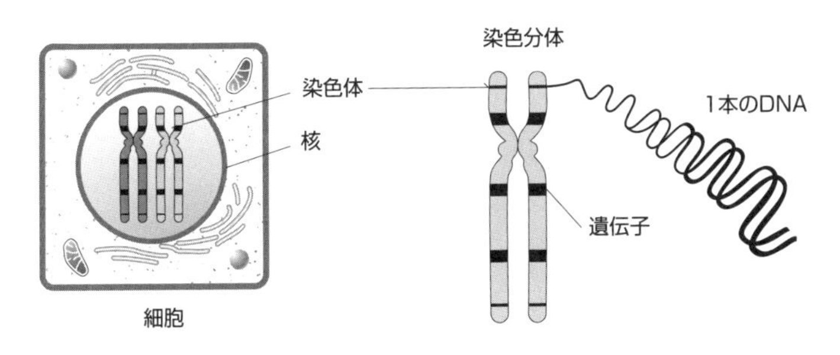

DNAの構造

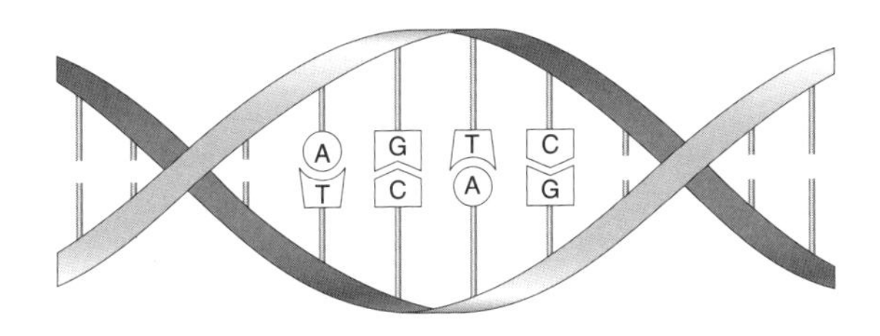

DNAの複製

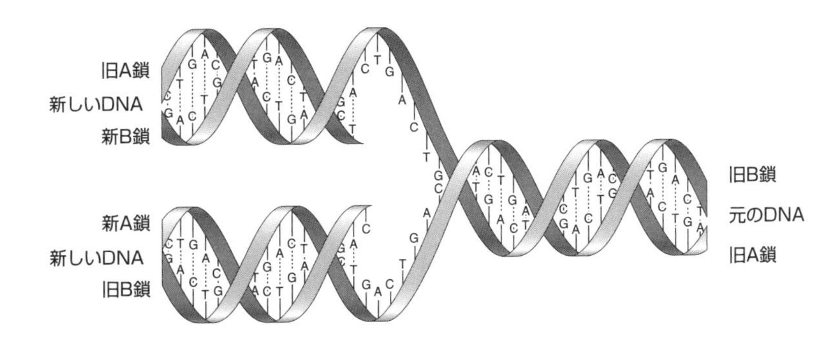

注

1)　ウイルスは核酸を持って遺伝によって増殖しているが，宿主の養分を奪って生存しており，自分で自分を生存させる力はない。またウイルスは核酸をタンパク質でできた容器の中に収容しただけの物であり，細胞構造を持たない。したがってウイルスは生命体でないことになる。「生命体に非常に近い非生命体」，それがウイルスの立ち位置である。

2)　染色体はDNAを収納する容器である。人間のDNAは1本の長さが2.5 mほどもある恐ろしいほど長い分子であるが，それが23本に分断されて23対の染色体の中に収納されている。

3)　分子膜を構成する分子は互いに集まっているだけで結合はしていない。このように複数個の分子が集まって作る高次構造体を超分子と言う。2本の分子が互いに絡み合って二重ラセン構造を取っているDNAは典型的な超分子である。

4)　βシートはタンパク質の分子鎖のうち，直線的な部分が何本か平行に並んだ部分である。普通は2本以上の平行な矢印で表されるが，それぞれの矢印がDNA鎖の直線になった部分を表す。

5)　飽和脂肪酸からできた油脂は固体が多く，哺乳類の油脂に多い。一方，不飽和脂肪酸からできた油脂は液体が多く，植物，魚類，鳥類の油脂に多い。不飽和脂肪酸の油脂に水素分子を反応させると固体の油脂になる。これを硬化油といい，マーガリンや石鹸の原料になる。

6)　ホルモンに似た物質で，異なった個体に影響を与えるものをフェロモンという。昆虫などの生殖行動を支配することが知られている。人間にも存在するとする説もあるが，いまだ確定していない。

7)　人間の核酸にはDNAとRNAがある。DNAは母細胞で作られ，それが分裂複製して娘細胞に入ってくる。しかしRNAは娘細胞が，DNAを基にして自分で作ったものである。微生物やウイルスの中にはDNAかRNAのどちらかしか持たない物もある。

演習問題

問1　動物の細胞と植物，細菌の細胞の違いを述べよ。

問2　染色体とDNAの違いはなにか。

問3　分子膜とはなにか。

問4　タンパク質の一次構造とはなにか。

問5　タンパク質の立体構造とはなにか。

問6　ビタミンとホルモンの違いはなにか。

問7　DNAと遺伝子の違いはなにか。

問8　RNAとはなにか。

問9　糖とはなにか。

問10　多糖類とはなにか。

糖

生体を構成する重要成分に，第12章で紹介したものの他に糖がある。糖の分子式は一般に $C_m(H_2O)_n$ で表されるので，炭化水素とも呼ばれる。糖は植物が空気中の二酸化炭と水を原料とし，太陽光をエネルギー源として光合成によって作ったものであり，太陽エネルギーの缶詰のようなものである。動物は糖を摂取することによって間接的に太陽エネルギーを利用していることになる。

典型的な糖の一種としてグルコース（ブドウ糖）がある。グルコースは糖の単位分子なので単糖類と呼ばれる。2個のブドウ糖が脱水縮合するとマルトース（麦芽糖）となる。マルトースは2糖類である。多数個のブドウ糖が脱水縮合したものがデンプンやセルロースである。デンプンとセルロースではグルコースの結合の仕方が異なっており，草食動物はセルロースを分解できるが人類は分解できない。そのため，人類はセルロースを栄養源とすることはできない。

デンプンには，多くのグルコースが直鎖状に結合したアミロースと，枝分かれしたアミロペクチンがある。もち米は100%がアミロペクチンであるが，うるち米（普通の米）には2～30%のアミロースが含まれる。

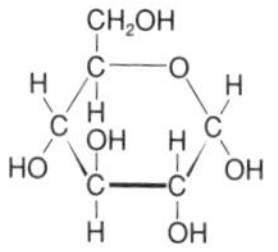

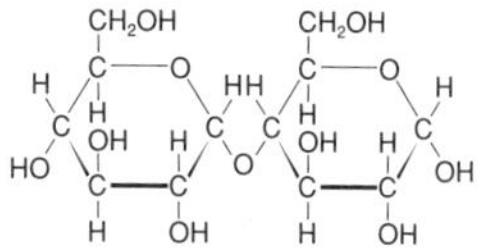

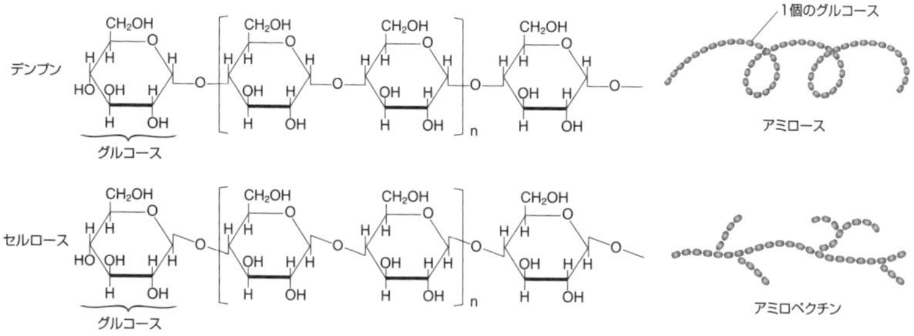

第 13 章

環境の化学

私たちはさまざまな物質との関わりを通じて生活している。このように，私たちを取り囲む物質世界のすべてを指して環境という。

第1節　環　　境

環境とは自分を取り囲み，自分と相互作用を持つ空間のことをいう。環境は狭く考えれば，自分のいる机の周りだろうし，広げれば室内，建物内，さらには街，国，ついには地球，宇宙にまで広がっていく。世界全体が情報と物質を通じて緊密に結びついているグローバル社会において，狭い環境で起こった問題は直ちに広い地球規模の環境に結びつきかねない。

地球環境

地球は直径1万3千 km の球である。内部は高熱で熔けた鉱物で埋まり，周りは大気で覆われている。しかし，大気の厚さは薄い。高さ 10 km 足らずのエベレストに登るのに酸素マスクを着けなければならない。成層圏まで入れても大気の厚さは 50 km 程度である。地球を直径 13 cm の円とすると，50 km の幅は 0.5 mm に過ぎない。鉛筆の線の幅ほどもないのである。

地球は水の星といわれ，表面の 70% は水で覆われている。海の平均深度は 3000 m である。水は蒸発して雲になり，雨になって地表に落ち，川を下ってまた海に戻る。水は循環を繰り返し，地球上を掃除している。

空気と水と大地と生物。それが緊密なバランスを保っている世界，それが地球環境なのである。

環境と化学

環境は物質からできている。化学は物質を扱い，研究する学問である。

化学は化学物質を作って人々の生活に役立てる。この行為は環境に新しい化学物質を加えたことになる。緊密で精妙な物質バランスが保たれている地球上に，それまでなかった，まったく新しい物質を加えたら，バランスは崩れてしまう。

その結果環境は新しいバランスに到達するまで試行錯誤を繰り返す。これが環境問題である。環境に問題を持ち込むのも，また，それを解決するのも化学である。化学は環境問題を避けて通るわけには行かない。

環　境

地球環境

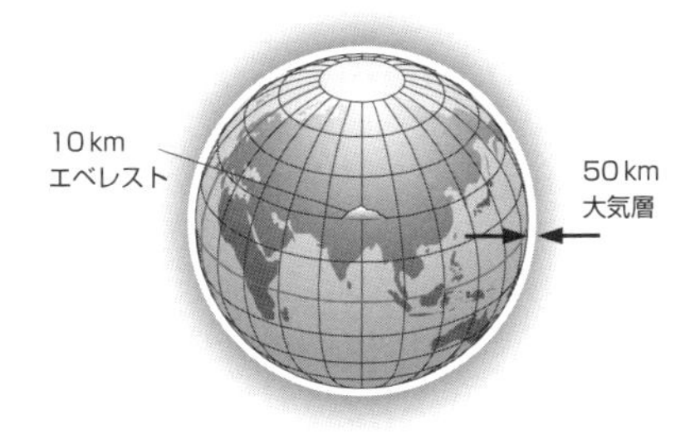

環境と化学

第2節　地球と化学

最もスケールの大きな環境問題は，地球規模のものであろう。地球環境は化学物質の影響によって徐々に変わりつつある。

地球温暖化

地球の平均気温が上がり続けている。このままでは，21世紀末には平均気温が3度上昇し，海水膨張で海面が30 cm～1 m上昇するという。

原因は二酸化炭素CO_2などの温室効果ガスが，増加しているせいである[1]。地球には太陽のエネルギーが到達しているが，温室効果ガスはこのエネルギーを溜め込み，地表の温度を上げるのである。温室効果の大きさは，温暖化ポテンシャルという数値で測られるが，それによると，二酸化炭素の効果は決して大きくはない。しかし，二酸化炭素の量が多いので問題となるわけである[2]。

石油は炭化水素であり，CH_2（分子量＝14）単位でできている。これが燃焼するとCO_2（分子量＝44）となる。分子量は3倍に増える。すなわち，石油を燃焼すると，石油の重量の3倍の重量の二酸化炭素が発生するのである。

オゾンホール

地球には，有害な宇宙線が降り注いでいる。そのままでは生物は生存できない。それにも拘わらず生物が生存できるのは，地球の50 kmほど上空を取り巻いているオゾン（O_3）層が宇宙線を遮ってくれるからである。

ところが最近，南極上空のオゾン層に孔が空いている（オゾンホール）ことがわかった。原因はフロンである。フロンは炭素（C），フッ素（F）と塩素（Cl）からできた物質であり，自然界には存在しないものである。フロンはエアコン，スプレーなどに多用されたが，現在は製造，使用が禁止されている。

酸性雨

酸性の強い雨（pH 5.6以下）を酸性雨という[3]。酸性雨は建物を劣化させ，森林を枯らし，湖沼の生物に被害を与える。

原因は窒素酸化物，硫黄酸化物など，化石燃料の燃焼に基づくものである。窒素酸化物（NO_x，ノックス）は水に溶けると硝酸（HNO_3）などになり，硫黄酸化物（SO_x，ソックス）は硫酸（H_2SO_4）などになる。

地球温暖化

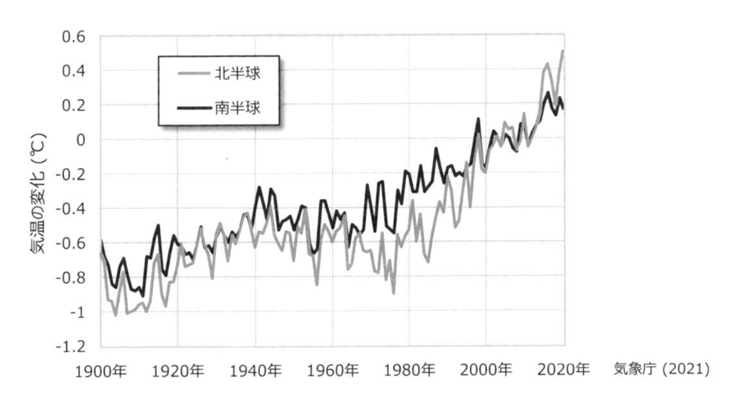

地球環境

物　質	化学式	分子量	産業革命以前の濃度	現在の濃度	地球温暖化ポテンシャル
二酸化炭素	CO_2	44	280ppm	410ppm	1
メタン	CH_4	16	0.7ppm	1.9ppm	26
フロン11	CCl_3F	137			4500
フロン12	CCl_2F_2	120			7100

オゾンホール

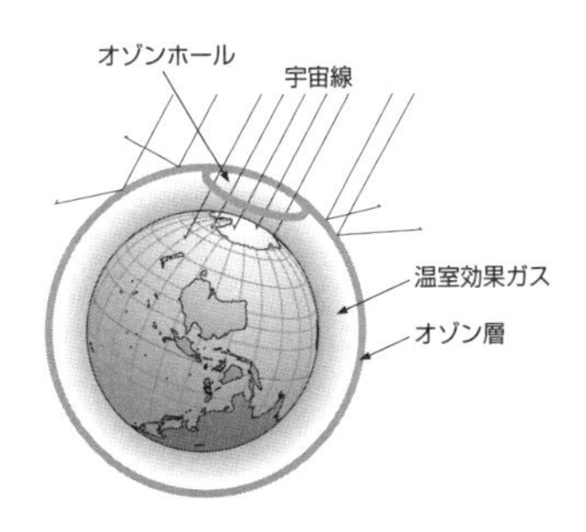

酸 性 雨

第3節　地域と化学

化学によって，新しく作られた化学物質は，ある面では人々の役に立ち喜ばれる。しかし，別の面では人々に苦痛をもたらすことがある。

イタイイタイ病

富山県の神通川流域には大正時代から続く奇妙な風土病があった。年をとると骨が弱り，やがて起きられなくなり，さらには，くしゃみをしたくらいでも骨折が起こり，患者はイタイイタイと苦痛を訴えるというものであった。患者は50代以降の農家の女性が多かった[4)]。

1960年代になって実態を調査したところ，神通川上流にある神岡鉱山で排出したカドミウムを含んだ鉱滓が原因であることがわかった。カドミウムが水に溶け，神通川流域の土壌を汚染し，そこで育った農作物にカドミウムが蓄積されたものだった[5)]。

水 俣 病

1950年代，熊本県水俣市で奇妙な現象が起こった。ネコがフラフラして歩くのだった。やがて住民にも同じような現象が起こり，平衡感覚を失い，よく話せなくなり，やがて痙攣を起こし，亡くなる人も出た。さらには赤ちゃんにまで，そのような症状が出た。調べたところ，アセトアルデヒドを作る化学工場が，メチル水銀の入った汚水を水俣湾に排出していたことが明らかとなった。

同じような事件は新潟県の阿賀野川流域でも起こっていた。これも上流の化学工場が排出したメチル水銀が原因であることがわかった[6)]。

四日市喘息

1960年代，三重県四日市市に喘息（ぜんそく）が多発した。ちょうど四日市市が東海コンビナートとして多くの企業，工場を誘致した時代であった。工場から出る煤煙による汚染地域と喘息多発地域とが一致することから，原因は煤煙に含まれる硫黄酸化物（SO_x）であることが明らかとなった。

SO_xの発生源は石油など，化石燃料に含まれる硫黄だった。工場の煙突を高くしたが思ったほどの効果はなく，ようやく1970年代に入って脱硫装置を用いてイオウを除くことにより，事態は改善された[7)]。

イタイイタイ病

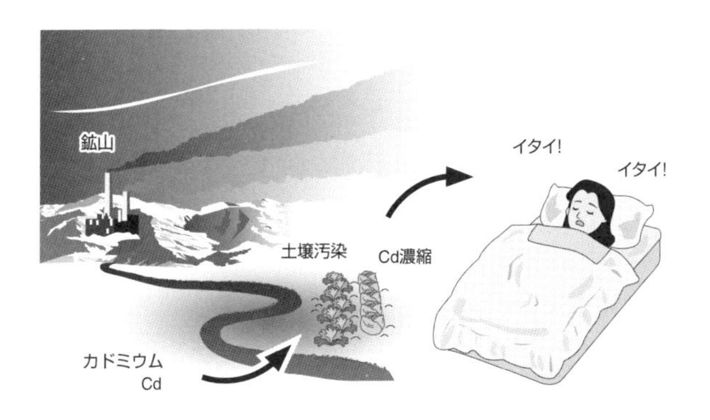

水俣病

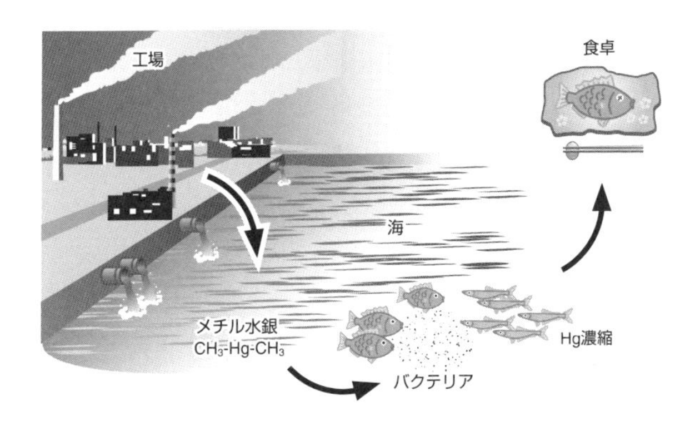

四日市喘息

第4節　健康と化学

新しい化学物質はその性質が完全には明らかでない。有用な面だけが強調されて実用に踏み切った化学物質の有害性が後になって明らかになることがある。

ＰＣＢ

1968年西日本一帯で奇妙な皮膚病患者が出た。黒っぽいにきびが出，粘膜が黒ずみ，やがて倦怠感が出て肝臓に障害が出た。原因は，事故でコメヌカ油に混じったPCBであることがわかった。

PCBは自然界にはない物質である。高い絶縁性を持ち，あらゆる意味で安定なので，電気の変圧器の油，あるいは熱媒体として大量に用いられていた。しかし，カネミ油症事件を契機に製造，使用が禁止されて現在に至っている。しかし，PCBは安定なため，分解除去する方法がなく，現在も研究中である[8)]。

ダイオキシン

PCBには不純物としてダイオキシンが混じっている。ダイオキシンは毒性が強く，PCBの毒性はダイオキシンによるもの，との見解もある。ダイオキシンは塩素の入った物質を燃焼するときに発生することがわかっている。

サリドマイド

1956年に開発されたサリドマイドは睡眠薬として利用された。ところが妊娠初期の女性が服用すると，四肢が欠損した子供が生まれる可能性のあることが分かった。サリドマイドの構造は図に示した通りであるが，光学異性体が存在する。このうち，片方は睡眠作用を持つが，他方が催奇形性を持っていたのである。1962年，サリドマイドは回収された[9)]。

ヒ　素

1955年西日本で異常を訴える赤ちゃんが続出した。発疹や貧血がおこり，腹部が膨れ，皮膚が黒ずんだ。被害者は明らかになっただけで1万2千人以上，死者は138人に昇った。調べたところ，森永乳業が製作した粉ミルクの中に猛毒のヒ素Asが混入したことによるものと判明した。森永が原料として他の会社から購入した物質の中にヒ素が入っていたことによるものであった。

P C B

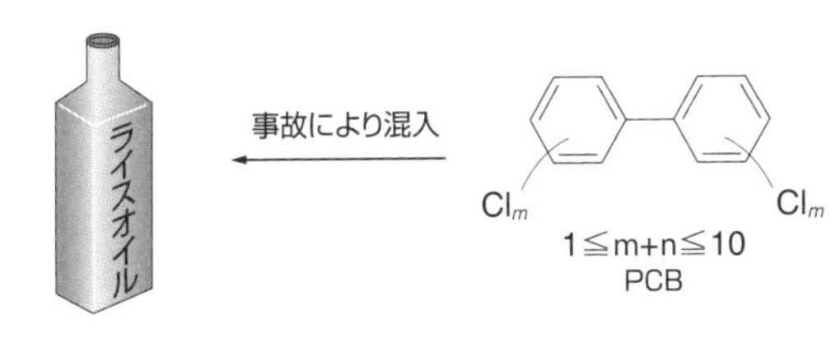

ダイオキシン

Cl_m　Cl_m

1≦m+n≦8
ダイオキシン

塩素数	位置	毒性等価係数
4	2,3,7,8	1
5	1,2,3,,7,8	0.5
6	1,2,3,4,7,8	0.1
7	1,2,3,4,6,7,8	0.01
8	1,2,3,4,6,7,8,9	0.001
上記以外のダイオキイン		0

サリドマイド

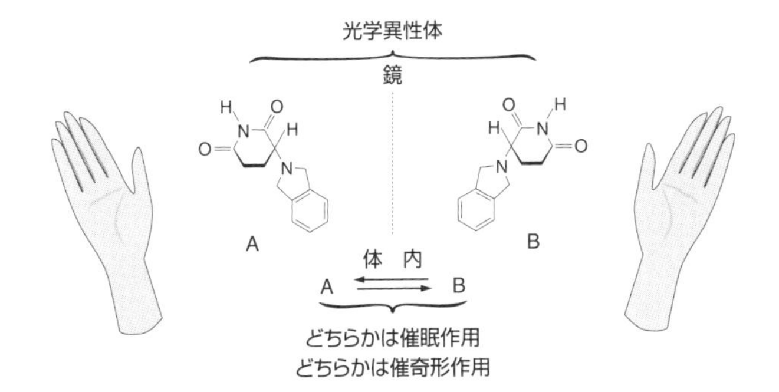

ヒ　素

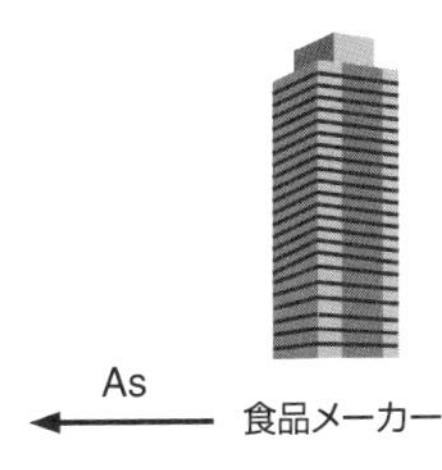

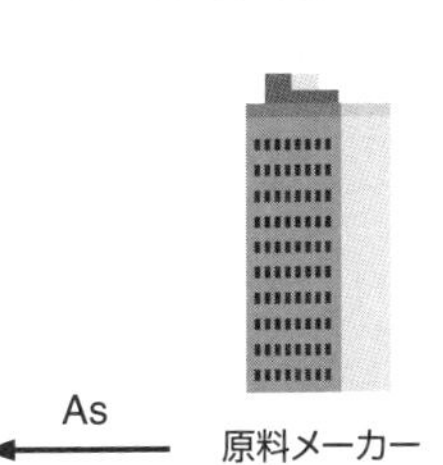

As　食品メーカー　As　原料メーカー

Na_2HPO_4（第二リン酸ナトリウム）
にヒ素（As）が混入

第5節　グリーンケミストリー

多くの新しい化学物質を生み出し，人類の幸福増進に役立った化学であるが，その一方で，多くの化学公害の原因ともなった。このような反省の上に立って化学は新しい研究，生産の方向を打ち出した。これを，自然を表わす色である緑に関係付けてグリーンケミストリーという。

化学の必要性

地球上には60億余りの人類がいる。これだけの人類に十分な食料を供給するのは農業である。しかし，化学肥料と殺虫剤などの農薬なしに，これだけの人類に食料を供給するのは不可能であろう。

ケガ，病気は日常生活に付き物である。薬がなくなったらどうなるであろうか。痛みと苦しみに耐えるのは大変である。現在の平均寿命は，薬剤のお陰であるといっても過言ではない。これもまた化学の賜物(たまもの)である。

新しい化学

化学はいまや人類にとってなくてはならないものである。しかしまた，化学物質，それを作る過程が人類に害を及ぼしてきたことも確かである。してみれば，今後の化学の進むべき方向は，化学の有用な部分だけを選択的に取り出し，有害な部分を除去することであろう。

そのためには，有害な副産物を出さない，生産収率を向上させる，有害物質を用いない，効率的な触媒を用いる，などの生産面での工夫が必要とされる。また，有用に思える化学物質でも，実用に回す前に有害性の有無を検討するなどの，慎重な姿勢が要求されよう。

新しい意識

省エネルギーが叫ばれている。少ないエネルギーを効率的に使おうというものである。化学物質も同様である。省化学物質が大切である。風邪薬を大量に飲んだら命に関わる。少量を用いたら有用な化学物質も大量に用いたら有害な面が顔を出す。本当に必要な量を大切に使う。“省化学物質”，これは省エネルギーにも省資源にも一致する新しい生活意識である。

化学の必要性

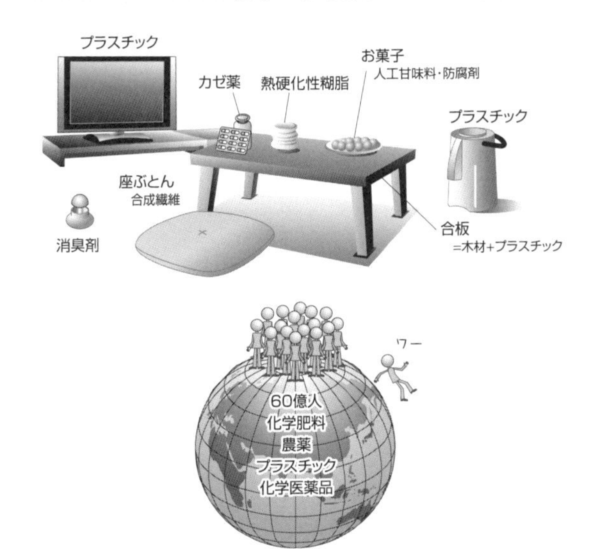

新しい化学

新しい意識

第6節　世界の目標 SDGs

SDGs は Sustainable Development Goals（持続可能な開発目標）の略で，最後の小文字 s は複数形の s で，「エスディージーズ」と読む。

SDGs は 2015 年 9 月 25 日の国連総会において採択されたもので，その名前の通り，ゴール（目標）を表すものであり，目標は次に示したように全部で 17 個のグローバル目標からできている。

① 貧困をなくす…「あらゆる場所のあらゆる形態の貧困を終わらせる」
② 飢餓をゼロに…「持続可能な農業を促進する」
③ 人々に保健と福祉を…「すべての人々の健康的な生活を確保する」
④ 質の高い教育をみんなに…「公正な質の高い教育を提供する」
⑤ ジェンダー平等を実現しよう…「女性および女児の能力強化を行う」
⑥ 安全な水とトイレを世界中に…「水と衛生の管理を確保する」
⑦ エネルギーをみんなに，そしてクリーンに…「安価かつ信頼できる持続可能な近代的エネルギーへのアクセスを確保する」
⑧ 働きがいも経済成長も…「人間らしい雇用を促進する」
⑨ 産業と技術革新の基盤をつくろう…「持続可能な産業の促進」
⑩ 人や国の不平等をなくそう…「国内および各国の不平等を是正する」
⑪ 住み続けられるまちづくりを…「持続可能な都市を実現する」
⑫ つくる責任つかう責任…「持続可能な生産消費形態を確保する」
⑬ 気候変動に具体的な対策を…「気候変動およびその影響を軽減する」
⑭ 海の豊かさを守ろう…「海洋・海洋資源を保全する」
⑮ 陸の豊かさも守ろう…「陸域生態系の保護，回復」
⑯ 平和と公正をすべての人に…「人々に司法へのアクセスを提供する」
⑰ パートナーシップで目標を達成しよう…「パートナーシップの活性」

ここに出てくる目標は，目標であると同時に，恵まれない環境に置かれた人々の救いを求める声でもあるだろう。

SDGs　達成度ランキング

（上位20ヵ国，2021年）

ランキング	国	スコア
1	フィンランド	85.9
2	スウェーデン	85.6
3	デンマーク	84.9
4	ドイツ	82.5
5	ベルギー	82.2
6	オーストリア	82.1
7	ノルウェー	82.0
8	フランス	81.7
9	スロベニア	81.6
10	エストニア	81.6
11	オランダ	81.6
12	チェコ	81.4
13	アイルランド	81.0
14	クロアチア	80.4
15	ポーランド	80.2
16	スイス	80.1
17	イギリス	80.0
18	日本	79.8
19	スロバキア	79.6
20	スペイン	79.5

出典：Sustainable Development Report 2021 (SDG Index, 2021)

第7節　SDGsと環境化学

前項で見た17個の目標には，各目標に平均10個，総計169個のターゲット（達成基準）が定められており，2030年までに達成することが求められている。

達成度

この努力目標に沿って各国が活動を始めており，日本でも2016年に総理大臣を本部長，全国務大臣をメンバーにして，第1回「SDGs推進本部会合」が開催され，それ以降も毎年2回ずつ開催されている。これらの取り組みが実効を伴って行われてゆけば，きっと2030年には，世界は人間にも全ての生物にとっても優しいものになっていることであろう。

SDGsの特徴は，活動の主体を政府だけでなく，企業やNPO/NGOと言った民間セクターも含めて，文字通り世界の全ての人たちの主体的な働きで目標を達成しようとしていることである。

ちなみにSDGs達成度ランキングが発表されている。2020年度のランキングは表の通りで，北欧諸国が上位を占めている。日本は17位だったが，2019年度は15位，2017年度は11位とだんだん下降気味なのは残念である。

環境に関連したグローバル目標

17個のグローバル目標のうち，環境に関係した物を上げると，

⑥　安全な水とトイレを世界中に

⑦　エネルギーをみんなに，そしてクリーンに

⑬　気候変動に具体的な対策を

⑭　海の豊かさを守ろう

⑮　陸の豊かさも守ろう

の5項目を上げることができる。

環境関連目標の達成基準

各グローバル目標には平均10個ほどの達成基準が定められている。前述の環境関係の達成基準を，各グローバル目標のトップに掲げられた物で見ると次のようになる。

⑥　2030年までに，全ての人々の，安全で安価な飲料水の普遍的かつ平等なアクセスを達成する。

⑦ 2030年までに，安価かつ信頼できる現代的エネルギーサービスへの普遍的アクセスを確保する。

⑬ 全ての国々において，気候関連災害や自然災害に対する強靱性（レジリエンス）および適応の能力を強化する。

⑭ 2025年までに，海洋ごみや富栄養化を含む，特に陸上活動による汚染など，あらゆる種類の海洋汚染を防止し，大幅に削減する。

⑮ 2020年までに，国際協定の下での義務に則って，森林，湿地，山地及び乾燥地をはじめとする陸域生態系と内陸淡水生態系及びそれらのサービスの保全，回復及び持続可能な利用を確保する。

多くの達成基準はその達成目標期限を2030年にしているが，⑭は2025年，⑮は2020年とその時期を早めている。それはこれらの問題がそれだけ喫緊の問題だということを示している。

私たちにもできる事

SDGsに協力して私たちにできることはないだろうか？ SDGsは決して無理なことを要求することはなく，自分のできることをできる範囲で行えば良い。もし，勤めている会社が排気ガスの浄化を行っているとしたら，その会社で働くこと自体がSDGsに協力していることになる。

誰もいなくなった教室の電気を消すことも協力であり，エネルギーの無駄遣いは環境破壊につながる。また，自分の行動をそのように冷静に見つめるということ自体が協力なのであり，したがってSDGsへの協力はこの瞬間からでもできるのである。協力しようではないか。明日のために。

注

1)　海水中には莫大な量の二酸化炭素が溶けている。気体の溶解度は温度が上がると減少する。したがっては二酸化炭素が増えて気温が上がると海水温度も高くなり，溶けていた二酸化炭素が放出されてさらに空気中の二酸化炭素濃度が上がることになる。

2)　石油の分子式は $H-(CH_2)_n-H$ であり，基本的に CH_2 単位が並んだ物である。これが燃える（酸化される）と各々の CH_2 単位が CO_2 に変化する。CH_2 の分子量は 14（12+1×2）であり，CO_2 の分子量は 44（12+16×2）である。つまり，石油は燃えて二酸化炭素になると重さは 14 から 44 と，3 倍になるのである。

3)　空気中には二酸化炭素 CO_2 が含まれている。二酸化炭素は水に溶けると炭酸 H_2CO_3 という酸になる。この結果，全ての雨は酸性となり，その程度はおよそ pH 5.6 程度である。酸性雨と言うのは pH がこれより小さい，つまりこれより酸性度の強い雨のことをいう。

4)　中年が多いというのは，重金属であるカドミウムが排出されずに体内に蓄積されたことを意味する。女性が多いというのは性による代謝機能の違いであろう。

5)　この事件を契機に土壌汚染が注目されるようになった。

6)　この事件を契機に水銀の有毒性が注目されるようになった。

7)　この事件を契機に工場からの排煙が注目されるようになった。

8)　近年になって臨界状態の水（p.92 参照）が PCB を有効に分解することが明らかになり，それを用いた分解が進んでいる。

9)　この事件の後，サリドマイド被害は，サリドマイドが胎児の腕の発生時に，そこの毛細血管の生成を阻害することがわかった。それならばがん細胞の毛細血管生成をも阻害する可能性があるとして研究を重ねた結果，抗がん作用があることが発見され，医師の厳重な監視の下，抗がん剤として使用されている。

演習問題

問 1　地球温暖化の原因はなにか。

問 2　酸性雨はどのような影響を及ぼすか。

問 3　日本の四大公害とはなにか。

問 4　有機塩素化合物とはなにか。

問 5　薬害とはなにか。

問 6　オゾンとはなにか。

問 7　オゾンホールの原因はなにか。

問 8　PCB はどのようにして分解されるのか。

問 9　四日市ぜんそくを収束した原因はなにか。

問 10　イタイイタイ病の原因になったカドミウムを排出した神岡鉱山は現在どうなっているか。

地震と原子力発電所

環境問題は人間活動が引き起こすものだけではなく，本当に大きな影響を与えるのは自然自身が引き起こす環境問題である。それには火山爆発，地震，台風，津波などがある。

2011 年 3 月 11 日，東日本大震災が起き，地震とそれによる大津波が東北地方一帯を襲った。そして津波は福島県にある東京電力の福島第一原子力発電所を襲い，電力部分を破壊された原子力発電施設は原子炉の冷却能力を喪失し，原子炉内の燃料は過熱して融け，原子炉内部は破壊された。

それと同時に使用済み核燃料を保管していた冷却プールも冷却能力を失い，使用済み核燃料は過熱して容器の金属が融けて水と反応し，水素ガスが発生してそれに火がつき，水素爆発を起こした。

以来 10 年間，破壊された原子炉の後始末は進まず，全てを撤去して更地に戻すにはこの先 40 ～ 50 年はかかると見積もられている。最近，敷地内のタンクに溜めておいた汚染地下水が海洋に投棄されることになり，新たな環境汚染を生むと，問題になっている。

原子力発電は有力なエネルギー源であるが，いったん事故が起こると取り返しのつかない大事故に結びつく。最近「脱炭素」ということで，化石燃料の使用を避けようとの動きが出ているが，代わりのエネルギーを原子力に求めることになった時には，福島の教訓を忘れないようにしたいものである。

福島第一原子力発電所の事故（2011 年，東京電力ホールディングス）

参考書

P. A. Atkinns（千原秀昭，中村亘男訳），アトキンス物理化学，東京化学同人（1979）.

岩村秀，野依良治，中井武，北川勲，大学院有機化学，講談社（1988）.

F. A. Cotton, G. Wilkinson, P. L. Gauss（中原勝儼訳），基礎無機化学，培風館（1979）.

高分子学会編，高分子化学の基礎，東京化学同人（1994）.

D. Voet, J. G. Voet（田宮信雄，村松正実，他訳），ヴォート生化学，東京化学同人（1992）.

齋藤勝裕，絶対わかる化学の基礎知識，講談社（2004）.

齋藤勝裕，楽しくわかる化学，東京化学同人（2005）.

齋藤勝裕，やりなおし高校の化学，ナツメ社（2005）.

齋藤勝裕，図解雑学化学のしくみ，ナツメ社（2006）.

齋藤勝裕，大学の総合化学，裳華房（2007）.

齋藤勝裕，マンガでわかる元素 118，SB クリエイティブ（2011）.

齋藤勝裕監修，元素周期，PHP 研究所（2012）.

齋藤勝裕，元素がわかると科学がわかる，ベレ出版（2012）.

齋藤勝裕，生きて動いている化学がわかる，ベレ出版（2013）.

齋藤勝裕，安藤文雄，今枝健一，ふしぎの化学，培風館（2013）.

齋藤勝裕，高校化学超入門，SB クリエイティブ（2014）.

齋藤勝裕，ぼくらは化学のおかげで生きている，実務教育出版社（2015）.

齋藤勝裕，あなたと化学，裳華房（2015）.

齋藤勝裕，やりなおし高校化学，筑摩書房（2016）.

齋藤勝裕，周期表に強くなる，SB クリエイティブ（2017）.

齋藤勝裕，モノの見方が 180 度変わる化学，秀和システム（2017）.

齋藤勝裕，物理化学の単位・記号が纏めてわかる事典，ベレ出版（2017）.

齋藤勝裕，おもしろ化学ネタ 50，秀和システム（2020）.

齋藤勝裕，化学が 3 時間でわかる本，明日香出版社（2020）.

齋藤勝裕，世界でいちばん素敵な化学の教室，三才ブックス（2021）.

齋藤勝裕，新楽しくわかる化学，東京化学同人（2021）.

演習問題解答

第 1 章

問 1　分子は物質の性質を残した最小粒子。原子は分子を作る最小粒子で，物質の性質を残してはいない。

問 2　東京ドームを 2 個貼り合わせた物を原子とすると原子核はパチンコ玉。

問 3　^{3}H（陽子 1，中性子 2），^{14}C（陽子 6，中性子 8）^{18}O（陽子 8，中性子 10）。

問 4　原子番号が同じで質量数が異なる原子。

問 5　H＝1，C＝12，N＝14，O＝16。

問 6　p.15 参照。

問 7　p.17 参照。

問 8　原子あるいは分子から電子がとれた，あるいは電子が加わった物。

問 9　1，2 族および 3 ～ 18 族。

問 10　最小：水素 H，最大：ウラン U

第 2 章

問 1　p.25 参照。

問 2　方向性がない。飽和性がない。

問 3　温度が上がると伝導性が下がる。

問 4　p.27 の図参照

問 5　分子軌道

問 6　結合電子

問 7　正四面体。109.5 度。

問 8　平面形：エチレン，C_2H_4，直線形：アセチレン，C_2H_2。

問 9　$H<C<N=Cl<O<F$

問 10　水素結合，ファンデルワールス力，分散力

第 3 章

問 1　周期表参照。

問 2　1 番；水素，2 番：ヘリウム

問 3　$2Ca+O_2 \rightarrow 2CaO$，　$CaO+H_2O \rightarrow Ca(OH)_2$

問 4　不動態

問 5　気体：水素，窒素，酸素，フッ素，塩素。液体：ヨウ素，水銀。

問 6　窒素酸化物：ノックス，NOx。硫黄酸化物：ソックス，SOx。

問 7　3 ～ 12 族。

問 8　金，銀，白金。

問 9　18/24＝75(％)。

問10　BHC，DDT，PCB。

第 4 章

問1　シクロプロパン（p.59）とプロペン（$CH_2=CH-CH_3$）。

問2　ベンゼンの分子式はC_6H_6。したがって分子量は78。よって1モルは78グラム。

問3　アルカン。

問4　メチル基$-CH_3$，エチル基$-CH_2CH_3$。

問5　p.61参照。

問6　ジエチルエーテル。

問7　エステル。

問8　アルデヒドとカルボン酸。

問9　p.69参照

問10　安息香酸

第 5 章

問1　ポリスチレン。

問2　ペット：テレフタル酸とエチレングリコール。ナイロン：アジピン酸とヘキサメチレンジアミン。

問3　熱可塑性樹脂：暖めると軟化する。熱硬化性樹脂：暖めても軟化しない。

問4　熱可塑性樹脂の長い分子が同じ方向にまとまったもの。

問5　熱硬化性樹脂の原料であるホルムアルデヒドが空気中に漏れ出した物。

問6　メタクリル酸メチルが重合した物。透明度はガラスより高い。

問7　自重の1000倍もの重さの水を吸収するプラスチック。紙おむつなどに使う。

問8　デンプン，セルロース，タンパク質，DNA，RNA。

問9　電気を通すプラスチック。ATMなどに使われる。

問10　たくさんの単位分子が共有結合でつながった物。プラスチック，ゴム，合成繊維などがある。

第 6 章

問1　固体（結晶），液体，気体。

問2　固体から直接気体に変化する事。ドライアイス，ナフタレン。

問3　物質がある条件（温度，圧力など）の下でどのような状態にいるかを表した図。

問4　水の状態図において，融解曲線をaからcに向かって上昇すると融点は下がる。つまり水は凍らなくなる。ということで，氷は溶ける。

問5　p.92を参照。

問6　分子が方向を変えずに，位置だけを変える状態。

問7　二酸化炭素CO_2の分子量は44である。したがって44グラム。

問8　気体の体積は気体が容器を膨らませた体積であり，気体分子の体積は無視できるほど小さいから。

問 9　ガラス，プラスチック，セラミックス。

問 10　体積は変わらない。

第 7 章

問 1　150 mL。

問 2　溶媒が水の場合の溶解和を水和という。

問 3　高温のため，酸素の溶解度が低下し，池の水が酸素不足になったため。

問 4　溶ける気体の質量は圧力に比例するが，気体の体積は圧力に反比例するので，結局両者が相殺されて溶ける気体の体積は変化しなくなる。

問 5　全圧と分圧の関係がラウールの法則に従う溶液。

問 6　5.5－5.12＝0.38（℃）。

問 7　半分になる。

問 8　細胞膜，セロハン。

問 9　沸点上昇によって味噌汁の方が熱い。

問 10　塩による凝固点降下のため。

第 8 章

問 1　水と反応して OH^- を出すから。

問 2　アンモニウムイオン NH_4^+。

問 3　炭酸イオン HCO_3^- と重炭酸イオン CO_3^{2-}。

問 4　H^+：水素イオン，プロトン。OH^-：水酸化物イオン。

問 5　$NaHCO_3$：炭酸水素ナトリウム，重炭酸ソーダ，重曹（じゅうそう）。
　　Na_2C_3：炭酸ナトリウム，炭酸ソーダ。
　　CaO：酸化カルシウム，生石灰。
　　$Ca(OH)^2$：水酸化カルシウム，消石灰。

問 6　塩酸の方が強酸で H＋を出す力が強いので塩酸溶液の酸性が強い。

問 7　$NaHSO_4$，Na_2SO_4。

問 8　セッケンは弱酸の脂肪酸（カルボン酸の一種）と強塩基の水酸化ナトリウムの塩だから。

問 9　植物にはマグネシウム Mg やカリウム K 等の金属が含まれる。これが燃えると酸化マグネシウム MgO や酸化カリウム K_2O などになり，それが水に溶けると水酸化マグネシウム $Mg(OH)_2$ や水酸化カリウム KOH などの塩基になるため。

問 10　10 倍違う。

第 9 章

問 1　FeO：2，Fe_2O_3：3。

問 2　CO：2，CO_2：4，CH_4：－4。

問3　酸化された物：H_2，還元された物：O_2，酸化剤：O_2，還元剤：H_2。

問4　酸化された物：Zn，還元された物：Cu^{2+}，酸化剤：Cu^{2+}，還元剤：Zn。

問5　アルミニウム

問6　H^+と反応して水素原子の電子となった。

問7　水素と酸素の反応（燃焼）エネルギー。

問8　太陽の光エネルギー。

問9　不可能。金はイオン化しないので負極に使うことはできない。

問10　電子を放出している水素。

第10章

問1　出発物質の濃度が半分になるのに要する時間。$2^{-3}=8$分の1

問2　短い反応。

問3　反応の途中で現われるエネルギーの高い不安定状態。

問4　遷移状態になるために必要なエネルギー

問5　出発物質と生成物の間のエネルギー差。

問6　活性化エネルギーを下げて反応を進行し易くする物。

問7　正反応と逆反応の速度が等しくなって，変化が現われない状態。

問8　正反応の速度が逆反応より大きい反応

問9　反応速度を上げるため。

問10　圧力を低くする。

第11章

問1　原子核エネルギー，電子エネルギー，結合エネルギー，伸縮振動エネルギー，変角振動エネルギー，回転エネルギー。

問2　グラファイト。

問3　1気圧の下で行う定圧反応。

問4　定圧変化では系の圧力を一定に保つため，系は体積変化を起こす。つまり外部に対して仕事を行う。

問5　$P\varDelta V$

問6　内部エネルギー変化分 $\varDelta U$ となる。$Q=\varDelta U$。

問7　内部エネルギー変化 $\varDelta U$ と，外部に対して行った仕事 $P\varDelta V$ になる。$Q=\varDelta U+P\varDelta V$

問8　定容反応において系の内部エネルギー変化分（$\varDelta U$）と系が外部に対して行った仕事量（$P\varDelta V$）の和。$\varDelta H=\varDelta U+P\varDelta V$。

問9　系の乱雑さの程度を表す尺度

問10　反応の進行方向を決定する尺度である。反応はギブズエネルギーの減少する方向に進行する。

第12章

問1　動物の細胞の外側は細胞膜であるが，植物，細菌の細胞には細胞膜の外側の強固な構造の細胞壁がある。

問2　DNAは非常に長い分子であり，人間の場合には2メートルにもなる。染色体はこのDNAの特定の一部分である。人間の場合には染色体は23個あり，それぞれがDNAの十分の一の10センチメートルほどからできている。

問3　分子膜は両親媒性分子が集まった分子集団である。互いの分子の間に結合が無いのが高分子との違いである。分子膜を構成する両親媒性分子は行動の自由を確保している。分子膜から離脱することも，また戻ることも自由である。

問4　タンパク質は20種類のアミノ酸を単位分子とする天然高分子である。したがって構造の基本は20種類のアミノ酸がどのような順序で何個結合しているかが問題である。この並び方を一次構造と言う。

問5　タンパク質は多数個のアミノ酸が結合した鎖状の分子である。しかしこの鎖は固有のルールによって折り畳まれている，この折り畳まれた様子を立体構造と言う。一時構造が同じでも，立体構造が異なると，全く異なるタンパク質となる。21世紀初頭に社会もんだとなった狂牛病はこの様なメカニズムで起こった病気であった。

問6　ビタミンもホルモンも微量で生体の生化学反応をコントロールする物質である。そのうち，人間が自分で作ることのできる物ホルモン，できない物をビタミンと呼ぶ。

問7　DNAの情報は，全てが遺伝のために必要な情報ではない。DNAのうち，遺伝に必要な情報を集めた部分を「遺伝子」，不必要な部分を「ジャンクDNA」と呼ぶ。

問8　DNAのうち，遺伝子部分だけを集めて編集した物をRNAと呼ぶ，したがってRNAは母細胞から譲り受けたDNAを元にして，娘細胞が自分で作った核酸である。

問9　糖は植物が水と二酸化炭素を原料とし，太陽光エネルギーをエネルギー源として作った，いわば太陽エネルギーの缶詰である。

問10　多糖類は，グルコース（ブドウ糖），フルクトース（果糖）等の単糖類と言われる単位分子が多数個共有結合してできた天然高分子である。デンプンとセルロースは共に，グルコースからできた立体異性体であり，加水分解すれば共にグルコースになる。

第13章

問1　一般に地球温暖化の原因は二酸化炭素やメタンガスなどの温室効果ガスの増加に原因があるといわれるが，真の原因は不明である。二酸化炭素は海水中に膨大な量が吸収されている。地球が温まれば水の二酸化炭素溶解度が減少し，二酸化炭素が空気中に放出される。つまり，空気中の二酸化炭素が増えたから気温が上昇したのか？気温が上昇したから二酸化炭素が増えたのか？はわからないとの説もある。

何れにしろ，産業革命以降の，大気中の二酸化炭素の増加は顕著な物がある。二酸化炭素の排出にストップをかける必要があるのは確かであろう。

問 2 現在懸念されているのは地球の砂漠化である。酸性雨のおかげで山林が枯れると山岳地帯の保水力が低下し，僅かの雨で洪水になる。洪水は山岳地帯の表面を覆う薄い肥沃土を流し去り，山岳地帯を植物の生えない砂漠地帯に変化させる。このようにして地球の砂漠化は日に日に進展しているという。

問 3 ①イタイイタイ病，②第一水俣病（熊本県），③第二水俣病（新潟県），④四日市ゼンソク。

問 4 塩素 Cl を含む有機化合物。殺虫剤の DDT，BHC，絶縁油の PCB，塩素化合物が低温燃焼する際に発生するダイオキシンなどがある。

問 5 健康を守るためにある医薬品によって起こった健康被害を言う。睡眠薬であるサリドマイドによって起こった奇形児問題（アザラシ症候群），胃腸病の薬であるキノホルムによって起こった広範な健康被害（キノホルム訴訟）などが有名である。

問 6 酸素分子 O_2 は 2 個の酸素原子が結合した分子であるが，オゾン O_3 は 3 個の酸素原子が結合した分子であり，酸素分子の同素体である。

問 7 炭素 C，フッ素 F，塩素 Cl からなる人工化合物フロンが原因と考えられている。フロンは沸点が低いのでエアコンの冷媒，電子素子の洗浄剤などとして多用された。

問 8 PCB が問題化した 1970 年代，PCB を分解する科学手段は何も無かった。そのため，政府は PCB を環境に漏れ出さないように保管することを使用者に求めた。現在では超臨界水（p.93 参照）で効率的に分解する方法が発見され，それに従って分解が進んでいる。

問 9 四日市ゼンソクの原因は化石燃料に含まれるイオウ S であった。そこで各企業は脱硫装置を設置し，燃料あるいは排煙からイオウを覗くことに努め，四日市ゼンソクは新患者は出ないまでに収束した。これは脱硫装置によって取り除いたイオウが商品としての価値があったことも大きな要因であったと言われている。

問 10 鉱山を大改造し，ニュートリノ観測施設のカミオカンデになっている。カミオカンデでは所長の小柴教授がノーベル物理学賞を受賞し，カミオカンデを拡大したスーパーカミカンデでは新所長の梶田教授がノーベル物理学賞を受賞した。現在更に拡大したハイパーカミオカンデを建設中で 2027 年完成予定である。また新しいノーベル物理学賞受賞者が誕生するのであろう。

索　引

あ 行

か 行

さ　行

た　行

な　行

は　行

ま　行

や　行

ら　行

欧　文

齋藤勝裕（さいとう かつひろ）

1974年　東北大学大学院理学研究科博士課程修了
名古屋工業大学名誉教授
理学博士

新総合化学−ここがポイント−

2009年 1月15日　初版第1刷発行
2021年10月20日　改訂・改題第1刷発行

発行者　秀島　功
印刷者　入原豊治

発行所　**三共出版株式会社**　東京都千代田区神田神保町3の2

郵便番号101-0051　電話03(3264)5711(代)　FAX 03(3265)5149　振替00110-9-1065

一般社団法人 **日本書籍出版協会**・一般社団法人 **自然科学書協会・工学書協会　会員**

Printed in Japan　　印刷・製本　太平印刷社

ISBN 978-4-7827-0810-1

好 評 図 書

反応速度論
——化学を新しく理解するためのエッセンス
齋藤勝裕著

978-4-7827-0379-3 C3043
A5判・208頁
定価2,640円（税込）

化学反応を反応速度を基に反応を解析することを目的とし，複雑な数式は極力少なくし，わかりやすい表現と図を多用することにより，数学が苦手な人でも理解できるよう配慮した入門書。偶数頁に解説，奇数頁に図表を配置してよりわかりやすく，コンパクトにまとめられている。

目　次

構造有機化学
——有機化学を新しく理解するためのエッセンス
齋藤勝裕著

978-4-7827-0402-8 C3043
A5判・264頁
定価3,300円（税込）

本書は，原子番号と電子配列，3種類の混成軌道，分子軌道のエネルギーと対称性に重点をおき，基本中の基本である「メタンの構造」から「付加反応の周辺選択性」まで取り扱う。単なる数式と文章による説明ではなく図による理解を重視し，編集した。

目　次

原子量表

（元素の原子量は，質量数12の炭素（$^{12}\mathrm{C}$）を12とし，これに対する相対値とする。但し，この$^{12}\mathrm{C}$は核および電子が基底状態にある結合していない中性原子を示す。）

多くの元素の原子量は通常の物質中の同位体存在度の変動によって変化する。そのような元素のうち 13 の元素については，原子量の変動範囲を［a, b］で示す。この場合，元素 E の原子量 $A_\mathrm{r}(\mathrm{E})$ は $a \le A_\mathrm{r}(\mathrm{E}) \le b$ の範囲にある。ある特定の物質に対してより正確な原子量が知りたい場合には，別途求める必要がある。その他の 71 元素については，原子量 $A_\mathrm{r}(\mathrm{E})$ とその不確かさ（括弧内の数値）を示す。不確かさは有効数字の最後の桁に対応する。

原子番号	元素記号	元素名	原子量	脚注
1	H	Hydrogen	[1.00784; 1.00811]	m
2	He	Helium	4.002602(2)	g r
3	Li	Lithium	[6.938; 6.997]	m
4	Be	Berylium	9.0121831(5)	
5	B	Boron	[10.806; 10.821]	m
6	C	Carbon	[12.0096; 12.0116]	
7	N	Nitrogen	[14.00643; 14.00728]	m
8	O	Oxygen	[15.99903; 15.99977]	m
9	F	Fluorine	18.998403163(6)	
10	Ne	Neon	20.1797(6)	gm
11	Na	Sodium	22.98976928(2)	
12	Mg	Magnesium	[24.304; 24.307]	
13	Al	Aluminium	26.9815384(3)	
14	Si	Silicon	[28.084; 28.086]	
15	P	Phosphorus	30.973761998(5)	
16	S	Sulfur	[32.059; 32.076]	
17	Cl	Chlorine	[35.446; 35.457]	m
18	Ar	Argon	[39.792; 39.963]	g r
19	K	Potassium	39.0983(1)	
20	Ca	Calcium	40.078(4)	g
21	Sc	Scandium	44.955908(5)	
22	Ti	Titanium	47.867(1)	
23	V	Vanadium	50.9415(1)	
24	Cr	Chromium	51.9961(6)	
25	Mn	Manganese	54.938043(2)	
26	Fe	Iron	55.845(2)	
27	Co	Cobalt	58.933194(3)	
28	Ni	Nickel	58.6934(4)	r
29	Cu	Copper	63.546(3)	r
30	Zn	Zinc	65.38(2)	r
31	Ga	Gallium	69.723(1)	
32	Ge	Germanium	72.630(8)	
33	As	Arsenic	74.921595(6)	
34	Se	Selenium	78.971(8)	r
35	Br	Bromine	[79.901; 79.907]	
36	Kr	Krypton	83.798(2)	gm
37	Rb	Rubidium	85.4678(3)	g
38	Sr	Strontium	87.62(1)	g r
39	Y	Yttrium	88.90584(1)	
40	Zr	Zirconium	91.224(2)	g
41	Nb	Niobium	92.90637(1)	
42	Mo	Molybdenum	95.95(1)	g
43	Tc	Technetium*		
44	Ru	Ruthenium	101.07(2)	g
45	Rh	Rhodium	102.90549(2)	
46	Pd	Palladium	106.42(1)	g
47	Ag	Silver	107.8682(2)	g
48	Cd	Cadmium	112.414(4)	g
49	In	Indium	114.818(1)	
50	Sn	Tin	118.710(7)	g
51	Sb	Antimony	121.760(1)	g
52	Te	Tellurium	127.60(3)	g
53	I	Iodine	126.90447(3)	
54	Xe	Xenon	131.293(6)	gm
55	Cs	Caesium	132.90545196(6)	
56	Ba	Barium	137.327(7)	
57	La	Lanthanum	138.90547(7)	g
58	Ce	Cerium	140.116(1)	g
59	Pr	Praseodymium	140.90766(1)	
60	Nd	Neodymium	144.242(3)	g
61	Pm	Promethium*		
62	Sm	Samarium	150.36(2)	g
63	Eu	Europium	151.964(1)	g
64	Gd	Gadolinium	157.25(3)	g
65	Tb	Terbium	158.925354(8)	
66	Dy	Dysprosium	162.500(1)	g
67	Ho	Holmium	164.930328(7)	
68	Er	Erbium	167.259(3)	g
69	Tm	Thulium	168.934218(6)	
70	Yb	Ytterbium	173.045(10)	g
71	Lu	Lutetium	174.9668(1)	g
72	Hf	Hafnium	178.49(2)	
73	Ta	Tantalum	180.94788(2)	
74	W	Tungsten	183.84(1)	
75	Re	Rhenium	186.207(1)	
76	Os	Osmium	190.23(3)	g
77	Ir	Iridium	192.217(2)	
78	Pt	Platinum	195.084(9)	
79	Au	Gold	196.966570(4)	
80	Hg	Mercury	200.592(3)	
81	Tl	Thallium	[204.382; 204.385]	
82	Pb	Lead	207.2(1)	g r
83	Bi	Bismuth*	208.98040(1)	
84	Po	Polonium*		
85	At	Astatine*		
86	Rn	Radon*		
87	Fr	Francium*		
88	Ra	Radium*		
89	Ac	Actinium*		
90	Th	Thorium*	232.0377(4)	g
91	Pa	Protactinium*	231.03588(1)	
92	U	Uranium*	238.02891(3)	gm
93	Np	Neptunium*		
94	Pu	Plutonium*		
95	Am	Americium*		
96	Cm	Curium*		
97	Bk	Berkelium*		
98	Cf	Californium*		
99	Es	Einsteinium*		
100	Fm	Fermium*		
101	Md	Mendelevium*		
102	No	Nobelium*		
103	Lr	Lawrencium*		
104	Rf	Rutherfordium*		
105	Db	Dubnium*		
106	Sg	Seaborgium*		
107	Bh	Bohrium*		
108	Hs	Hassium*		
109	Mt	Meitnerium*		
110	Ds	Darmstadtium*		
111	Rg	Roentgenium*		
112	Cn	Copernicium*		
113	Nh	Nihonium*		
114	Fl	Flerovium*		
115	Mc	Moscovium*		
116	Lv	Livermorium*		
117	Ts	Tennessine*		
118	Og	Oganesson*		

＊：安定同位体のない元素。これらの元素については原子量が示されていないが，ビスマス，トリウム，プロトアクチニウム，ウランは例外で，これらの元素は地球上で固有の同位体組成を示すので原子量が与えられている。

g：当該元素の同位体組成が通常の物質が示す変動幅を超えるような地質学的試料が知られている。そのような試料中では当該元素の原子量とこの表の値との差が，表記の不確かさを越えることがある。

m：不詳な，あるいは不適切な同位体分別を受けたために同位体組成が変動した物質が市販品中に見いだされることがある。そのため，当該元素の原子量が表記の値とかなり異なることがある。

r：通常の地球上の物質の同位体組成に変動があるために表記の原子量より精度の良い値を与えることができない。表中の原子量および不確かさは通常の物質に摘要されるものとする。